超深井完井测试技术丛书

超深井扩张式裸眼封隔器应用典型案例

崔龙兵　贾书杰　刘练◎主编

中国石化出版社

图书在版编目(CIP)数据

超深井扩张式裸眼封隔器应用典型案例 / 崔龙兵，贾书杰，刘练主编. — 北京：中国石化出版社，2019.9
(超深井完井测试技术丛书)
ISBN 978-7-5114-5504-8

Ⅰ. ①超… Ⅱ. ①崔… ②贾… ③刘… Ⅲ. ①超深井-封隔器-案例 Ⅳ. ①TE245

中国版本图书馆 CIP 数据核字(2019)第 183195 号

中国石化出版社出版发行

地址：北京市朝阳区吉市口路 9 号
邮编：100020 电话：(010)59964500
发行部电话：(010)59964526
http://www.sinopec-press.com
E-mail：press@sinopec.com
北京柏力行彩印有限公司印刷
全国各地新华书店经销

*

710×1000 毫米 16 开本 8 印张 123 千字
2019 年 9 月第 1 版 2019 年 9 月第 1 次印刷
定价：46.00 元

编 委 会

序

塔河油田位于天山南麓，塔里木盆地北部沙雅隆起南翼的阿克库勒凸起斜坡带上，控制含油面积达1000km^2，累计提交探明储量13×10^{8}t，开发20多年来，累计生产原油超亿吨，是中国第一个以古生界奥陶系为主产层的大油田。塔河油田奥陶系油藏是大型碳酸盐岩岩溶缝洞型油藏。油藏的储集空间主要由大小不等的溶洞、裂缝带、溶蚀孔隙和微裂缝组成，埋藏深度一般在5300~7300m，地层温度在125~165℃，原始地层压力为60~82MPa。油藏储层非均质性强，油水关系复杂，是多缝洞单元、多油水系统在三维空间上相互叠置的复杂油藏。

完井测试工艺是衔接钻井工艺和采油工艺的重要环节，不仅为评价构造和圈闭提供了可靠的数据资料，而且为有效开采油气藏提供了直接依据。塔河油田奥陶系碳酸盐岩油藏的超深井完井测试工艺的特点可归纳为：“高、深、联、复”。“高”指高温、高压、高产；“深”指井深；“联”指射孔、测试、酸化、抽汲、气举、转采等作业两项或多项联作；“复”指地层及流体复杂，井下工具组合复杂多样，地层及流体具有“两超、五高”的特点，即超深、超稠、高温、高压、高含硫化氢、高黏度、高矿化度。井下测试阀、安全阀、封隔器等工具组合复杂。

面对塔河油田奥陶系碳酸盐岩油藏如此复杂的地层以及完井工艺，西北油田分公司完井测试管理中心在解决各种“疑难杂症”过程中积累了许多宝贵的现场经验。经过大漠风沙的洗礼、严寒酷暑的锤炼，西北完井人通过10多年不懈努力，在技术上精益求精，成功实施了50余项工艺、工具革新，逐步建立起了独具西北特色的超深、三高井完井测试及配套技术体系。为了将这些实践经验及技术成果分享给广大完井试油技术管理人员或岗位操作人员，进而提升完井测试技术的整体水平，本中心经过数月的资料收集与筛选，编纂了该丛书。丛书共包括七册：《超深井套管封隔器应用典型案例》《超深井扩张式裸眼封隔器应用典型案例》《超深井完井井筒作业应用典型案例》《超深井地层测试应用典型案例》《超深井连续油管作业应用典型案例》《超深井绳缆作业应用典型案例》和《高温高压井井口装置应用典型案例》。

希望此丛书的出版，能够帮助广大完井技术管理人员和岗位操作人员提升技能、丰富经验，为推动石油工业进步提供动力。

前　言

塔河油田位于天山南麓、塔克拉玛干沙漠北部边缘，是我国第一个古生界海相亿吨级大油田，也是中国石化在新疆地区最大的油气田。油田油藏储层埋深6500m左右，为下奥陶系碳酸盐岩缝洞型油藏。

奥陶系碳酸盐岩岩性坚硬，通常采用先期裸眼完井，其中70%的井采用酸压储层改造实现建产。酸压储层改造管柱自下而上使用裸眼封隔器+水力锚+油管的组合。为实现对底部裸眼井段选择性酸压，自油田开发以来广泛采用了长胶筒压力膨胀式裸眼封隔器。

裸眼封隔器在储改期间封隔环空，使压裂液能在储层段延伸，对塔河油田而言是非常重要的井下工具，它关系着储层改造的效果，同时也影响着后期修井作业的成败。

本书共计收录了2008~2017年塔河油田超深井裸眼封隔器典型案例16起，做到了“好看、好懂、好用”：既有理论图纸的收集，也有现场图片的形象展示；既有完井工具原理的详细介绍，也有针对西北超深井的特殊分析；既有施工过程的简要描述，也有理论依据的严密推导；既有技术上的原因剖析，也有管理上的对策强化。

本书编写团队身居现场且获取了现场施工第一手宝贵资料，经反复推敲找出施工失败的原因，刻苦钻研得到解决问题的对策，历经多年的探索和研究，逐渐形成了一整套完井井下工具管理、评价、改进和研发技术。希望本书的出版可以为裸眼封隔器在类似井况的使用提供借鉴和指导。

由于编者水平有限，书中可能存在不妥之处，某些观点或认识可能还不成熟，敬请读者批评指正。

目　录

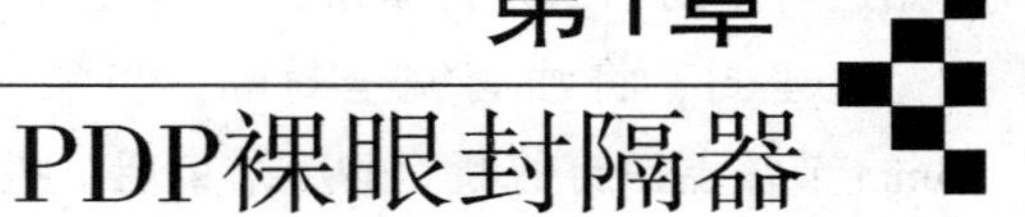

第1章 PDP裸眼封隔器

1.1 封隔器简介

PDP(Production D Packer)裸眼封隔器是一款进口扩张式裸眼封隔器，工具外径有4.63in、5in、5.38in三种，分别适用于120~158mm、130~160mm、140~170mm裸眼井径，工作压力45MPa，工作温度149℃，通过节流压差坐封、压差消除自动解封。在塔河油田主要应用于奥陶系碳酸盐岩裸眼井分段酸化压裂，以及水平井挤水泥作业等，2008~2017年，各类作业累计使用110井次，综合成功率86.36%。PDP裸眼封隔器结构如图1-1-1所示，性能参数见表1-1-1。

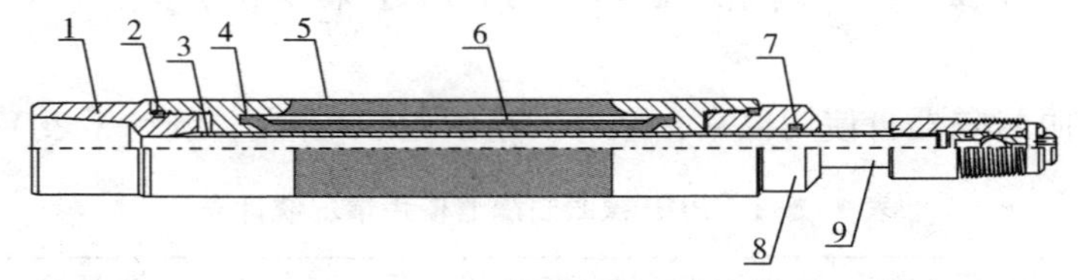

图1-1-1　PDP裸眼封隔器结构图

1—上接头；2—密封圈；3—传压孔；4—内胶筒；5—外胶筒；6—钢带；7—密封圈；8—密封接头；9—芯轴

表1-1-1　PDP裸眼封隔器性能参数表

规格/in	最大外径/mm	通径/mm	总长/mm	工作温度/℃	工作压力/MPa	胶筒长度/mm	抗拉强度/t	适应井径/mm
4.63	118	60	2060	149	45	1440	60	120~158
5	127	60	2060	149	45	1440	60	130~160
5.38	137	60	2060	149	45	1440	60	140~170

1.1.1 坐封原理

封隔器下部有两级节流器(内径为25mm、36mm),从油管泵入液体,使节流器泵排量上升,节流压差增大,当节流压差达到0.5MPa时,PDP裸眼封隔器开始进行坐封,当泵排量继续上升至节流压差达到14MPa时,PDP裸眼封隔器则完全坐封,将油套完全封隔;当泵入液体产生压差为14MPa(压差值)时,25mm节流器销钉剪断。酸压结束后,投入相应的钢球,待球入座后打压,将节流器销钉剪断,球及球座落井,形成较大的生产通道。

1.1.2 解封原理

当停止泵入液体,不产生节流压差时,PDP裸眼封隔器的胶筒内压力同时也将自动释放到0MPa,即PDP裸眼封隔器完全解封。

1.1.3 结构特点

(1)结构较简单,无须提前坐封,减少了前期井筒作业的工期。

(2)该封隔器可实现酸压期间对裸眼井段的分段。

(3)酸压结束,胶筒所受压差消失,胶筒回缩,封隔器解封。

1.2 封隔器常见问题案例分析

PDP裸眼封隔器自使用以来,累计发生问题15井次,统计于表1-2-1中。

表1-2-1 PDP裸眼封隔器使用情况统计表

年 份	2008年	2009年	2010年	2011年	2012年	2013年	2014年	2015年	2016年	2017年	合计
使用数/套	25	20	19	38	6	0	1	1	0	0	110
失败数/套	6	5	2	2	0	0	0	0	0	0	15
成功率/%	76	75	89.47	94.74	100	0	100	100	0	0	86.36

1.2.1 封隔器质量问题典型案例分析

【案例】TH××井封隔器坐封失败

案例井TH××井于2010年对奥陶系中统一间房组(O_2yj)6531.00~6645.00m

井段进行酸压完井，采用“掺稀滑套+7in 水力锚+5inPDP 裸眼封隔器”完井管柱，封隔器坐封位置 5507.42m，井温 124.27℃，井径 152.5mm（7in 套管内），该井 7in 套管未回接，悬挂器位置 4593.23～4598.75m。井身结构及入井管串如图 1-2-1、图 1-2-2 所示。

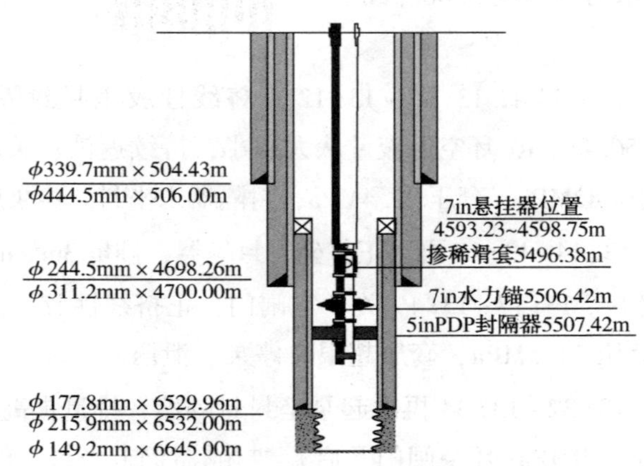

图 1-2-1　TH××井井身结构图

管柱	名称	内径 /mm	外径 /mm	总长度/ m	下深/ m
	油补距			8.12	8.12
	油管挂	76.00	175.00	0.41	8.53
	3½inTP-JC × 3½inEUE	76.00	88.90	0.53	9.06
	3½inTP-JC短油管2根	76.00	88.90	3.5	12.56
	3½inTP-JC油管571根	76.00	88.90	5482.46	5495.02
	3½inTP-JC母 × 2⅞inEUE公	60.00	88.90	1.12	5496.14
	常闭滑套	42.00	93.00	0.24	5496.38
	2⅞inEUE油管1根	60.00	73.00	9.48	5505.86
	2⅞inEUE母 × 3½inEUE公	62.00	95.00	0.11	5505.97
	7in水力锚	60.00	146.00	0.45	5506.42
	5inPDP封隔器	60.00	127.00	2.04	5507.42 /5508.4
	2⅞inEUE公 × 2⅞in平式母	62.00	73.00	0.11	5508.57
	节流器	30.00	95.00	0.15	5508.72
	3½in喇叭口	90.00	114.00	0.15	5508.87

备注:

1.节流器内径：30mm/36mm/62mm；常闭滑套内径：42mm/58mm。
2.7in水力锚工作温度150℃，工作压力70MPa。
3.5in封隔器工作温度149℃，工作压力45MPa。

图 1-2-2　TH××井入井管串数据图

1. 施工异常简述

2010年6月5~6日组下酸压完井管柱，喇叭口深度5508.87m，封隔器坐封位置5507.42m，水力锚深度5506.42m。

1)酸化过程

第一次坐封：6月13日13:07~13:12正替线性胶坐封封隔器，排量0.2~2.4m³/min，油压56.4MPa，环空返液量从大到小，持续返液；关环空闸门，排量2.4~3m³/min，油压42MPa，套压22.4MPa，封隔器未坐封。停泵后开环空泄压。

第二次坐封：13:14~13:17再次正替坐封封隔器，排量3m³/min，环空持续返液，封隔器未能坐封。13:17~13:19关环空闸门，正挤线性胶，排量1.7m³/min，泵压48.7MPa，套压34.5MPa，套压超限，停泵、泄压。

第三次坐封：13:32~13:34再次起泵坐封封隔器，排量提高至4m³/min，泵压83.8MPa，套压3.0MPa(环空闸门开启)，封隔器仍未坐封，停泵。

酸压施工过程中因套压随施工泵压同步上升，且环空返液，说明油套之间串通，最后一次坐封排量已达4m³/min，环空依然返液，说明封隔器已失封，考虑井口的承压能力，终止本次酸压作业，详细如图1-2-3所示。

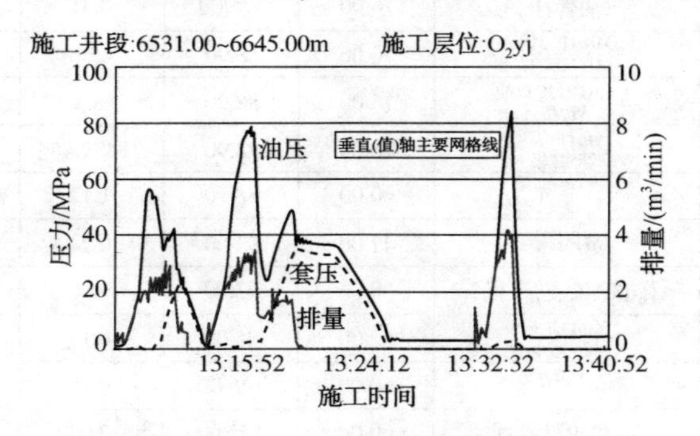

图1-2-3 TH××井酸压施工曲线

2)工具出井检查情况

6月25日起甩原井管柱，上提过程中悬重正常(起出5inPDP裸眼封隔器如图1-2-4所示)。对起出的封隔器进行检查：封隔器胶筒上端钢带外露，距上接头5cm范围内胶筒全部脱落，脱落最大一侧距上接头5cm之下有长14cm、宽18cm的外胶筒脱落，裂痕延伸至距上接头23cm处，如图1-2-5所示；钢带外径变大，最大外径 139mm 且呈直角；钢带与上接头脱离且有一直径约为 1.5cm 的圆孔，可见与圆孔对应的硫化胶筒被冲蚀，如图 1-2-5 所示；胶筒与下接头连接处有长 10cm 的横向裂痕，最大外径 130.5cm，如图 1-2-6 所示；节流器完好，未打掉，如图 1-2-7 所示。

图 1-2-4　TH××井起出 5inPDP 裸眼封隔器

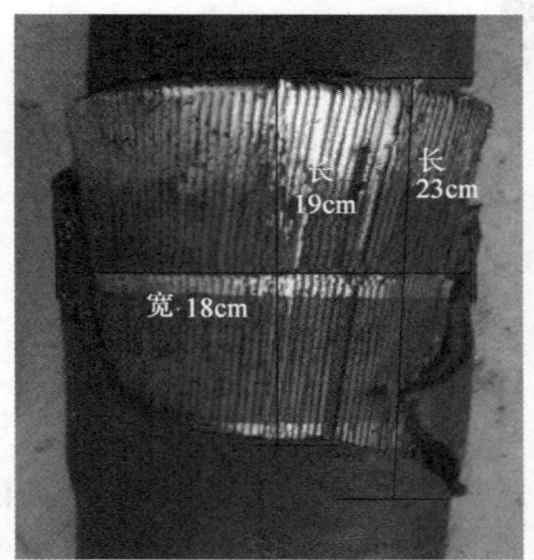

图 1-2-5　TH××井 5inPDP 裸眼封隔器上接头处损坏情况

图 1-2-6　TH××井 5inPDP 裸眼封隔器下接头损坏情况

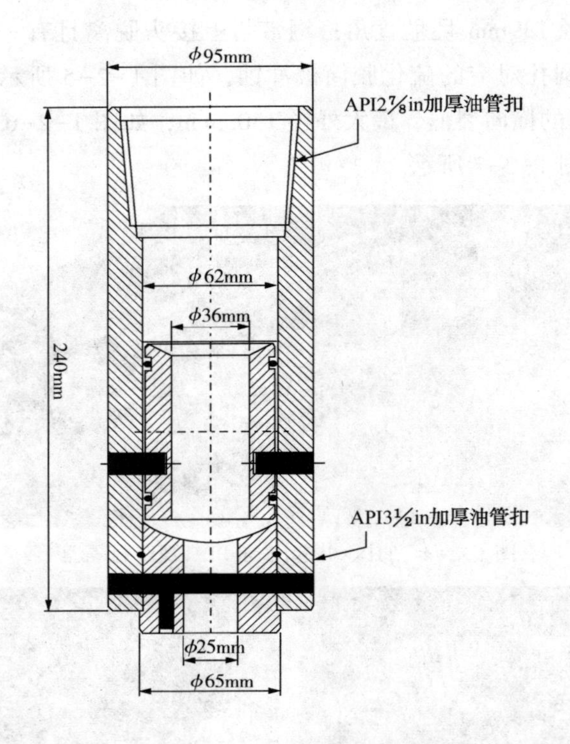

图 1-2-7　TH××井 5inPDP 裸眼封隔器二级节流器

2. 问题分析

(1)封隔器坐封在 7in 套管内，内径 152.5mm(壁厚 12.65mm)，不存在坐封井段不规则、尖锐导致封隔器破裂的因素，故排除因井筒原因造成封隔器失封的可能。

(2)封隔器坐封位置温度 124.47℃(坐封位置 5507.42m，地温梯度 2.26℃/100m)，排除坐封位置井温超过耐温能力的可能。

(3)按照相对密度 1.1 的线性胶(施工前全井筒为相对密度 1.17 的油田水)，施工泵压 56.4MPa，当排量为 2.4m^3/min 时，根据施工情况可知，替线性胶 12m^3，若油田水摩阻按线性胶的 1.5 倍计算，则 3½in 油管摩阻 48.58MPa，算得封隔器胶筒内外承受最大压差 6.01MPa，排除工作压差超过承压能力的可能。

(4)起出工具，检查一级、二级节流器均完好，说明失封不是节流器的原因。

(5)对 PDP 裸眼封隔器进行切割，发现与钢带上 1.5cm 圆孔裂口对应处的内胶筒有约 2cm 的裂口，且内胶筒裂口、钢带圆孔及冲蚀痕迹处于同一位置，如图 1-2-8所示。结论：胶筒与上接头结合处内筒爆破导致本井封隔器失封。

图 1-2-8　TH××井 5inPDP 裸眼封隔器切割后照片

3. 分析结论

封隔器质量问题是造成本井封隔器失封的主要原因。

4. 对策及建议

(1)停用同一批次、同一型号的封隔器，由工具服务方反馈给厂家进行质量追溯。

(2)工具服务方对同一批次、同一型号的封隔器抽样进行地面试验。

(3)加强开工验收，对封隔器质量严格把关，杜绝不合格工具入井。

1.2.2　封隔器现场操作问题典型案例分析

【案例】YQ××井封隔器酸压期间失封

案例井 YQ××井于 2009 年对奥陶系中下统鹰山组($O_{1-2}y$)5891.52~5955.00m 井段进行酸压完井，采用“掺稀滑套+7in 水力锚+5inPDP 裸眼封隔器”完井管柱，封隔器坐封位置 5891. 52m，井温 133. 15℃，井径 149. 86mm（5. 9in），该井 7in 套管直下。井身结构及入井管串如图 1-2-9、图 1-2-10 所示。

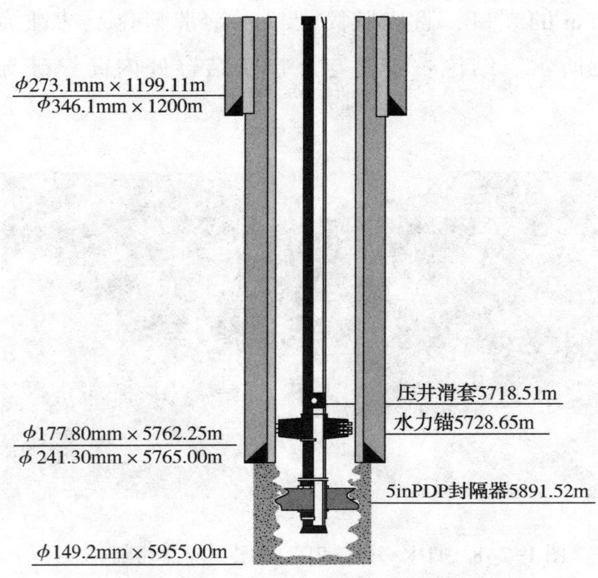

图 1-2-9　YQ××井井身结构图

管柱	名称	内径 /mm	外径 /mm	总长度/ m	下深/ m	校深深度/ m
	油补距			6.1	6.1	
	油管挂	76.00	175.00	0.35	6.45	
	3½in EUE双公	76.00	88.90	0.8	7.25	
	调整短节两根	76.00	88.90	4	11.25	
	3½inBG110S×EUE油管598根	76.00	88.90	5686.26	5697.51	
	3½inEUE母×3½in BGT公	76.00	88.90	1.47	5698.98	
	3½inBGT母×2⅞in EUE公	62.00	88.90	1.5	5700.48	
	定位短节	62.00	96.00	1.56	5702.04	5699.15
	2⅞inBG110S×EUE油管2根	62.00	73.00	19.13	5721.17	5718.28
	2⅞in 压井滑套	36.00	95.00	0.23	5721.4	5718.51
	2⅞inBG110S×EUE油管1根	62.00	73.00	9.57	5730.97	5718.08
	2⅞inEUE母×3½in EUE公	70.00	95.00	0.12	5731.09	5718.20
	7in 水力锚	60.00	146.00	0.45	5731.54	5728.65
	2⅞inEUE公×3½in EUE母	60.00	14.00	0.12	5731.66	5728.77
	2⅞inBG110S×EUE油管17根	60.00	73	161.75	5893.41	5890.52
	5inPDP压差式封隔器	60.00	127	2.06	5894.41/5895.47	5891.52/5892.58
	2⅞in平式母× 2⅞inEUE公	60.00	89.00	0.11	5895.58	5892.69
	2⅞inBG110S×EUE油管1根	62.00	73.00	9.5	5905.08	5902.19
	节流器	25.00	95.00	0.15	5905.23	5902.34
	喇叭口	93.00	114.00	0.15	5906.38	5902.49

备注:

1.节流器内径：25mm/30mm/60mm；常闭滑套内径：36mm/56mm。

2.7in水力锚工作温度150℃，工作压力50MPa。

3.5inPDP封隔器工作温度149℃，工作压力45MPa。

图 1-2-10　YQ××井入井管串数据图

1. 施工异常简述

2009年4月13~15日组下酸压完井管柱，喇叭口深度5902.34m，封隔器坐封位置5891.52m，水力锚深度5728.65m。

1)酸压期间封隔器工作异常

2009年4月23日进行酸压施工，详细如图1-2-11所示。正挤冻胶期间，排量5.6~6.0m^3/h，泵压56.7~94.4MPa，套压8.5~12.7MPa，套压一直缓慢上升；正挤胶凝酸期间，排量5.2m^3/h，泵压53.8~58.7MPa，套压12.7~16.8MPa，套压一直缓慢上升；停泵20min测压降：泵压由22.7MPa降至22.1MPa，套压由17MPa降至16.4MPa。

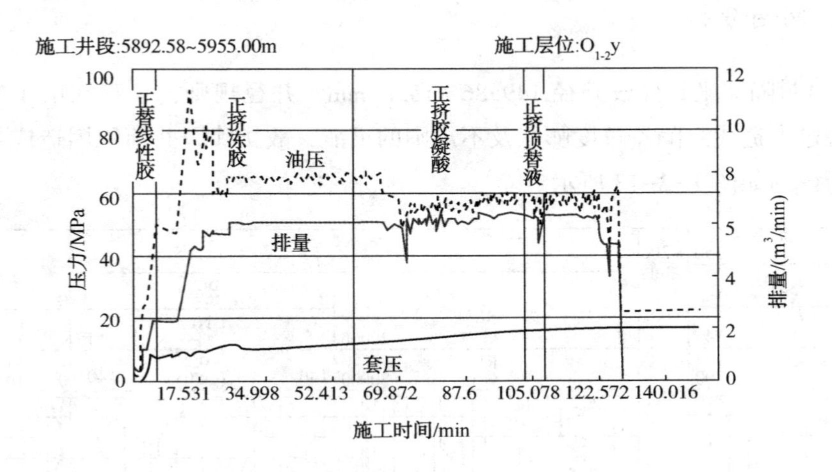

图1-2-11 YQ××井酸压施工曲线

2)排液期间出现碎胶皮情况

4月23日15:00~4月25日16:00油压由22MPa降至0MPa，套压由16MPa降至0MPa，自喷排液360.4m^3后停喷，罐口无H_2S，出液含黑色固相颗粒。

4月25日15:00~5月7日2:00连续油管气举排液，最大下深2500m，气举累计排液163.7m^3，共间歇气举5次，其中第5次气举排液返出液体带出大量块状碎胶皮，判断为5inPDP裸眼封隔器胶筒破损部分，详细如图1-2-12所示。

图 1-2-12　YQ××井第 5 次气举返出碎胶皮

2. 问题分析

(1)封隔器坐封井段井径 149.86～152.4mm，井径规则，不存在由于坐封位置井径过大造成封隔器过度膨胀及不规则的可能，故排除因井筒原因造成封隔器失封，详细如图 1-2-13 所示。

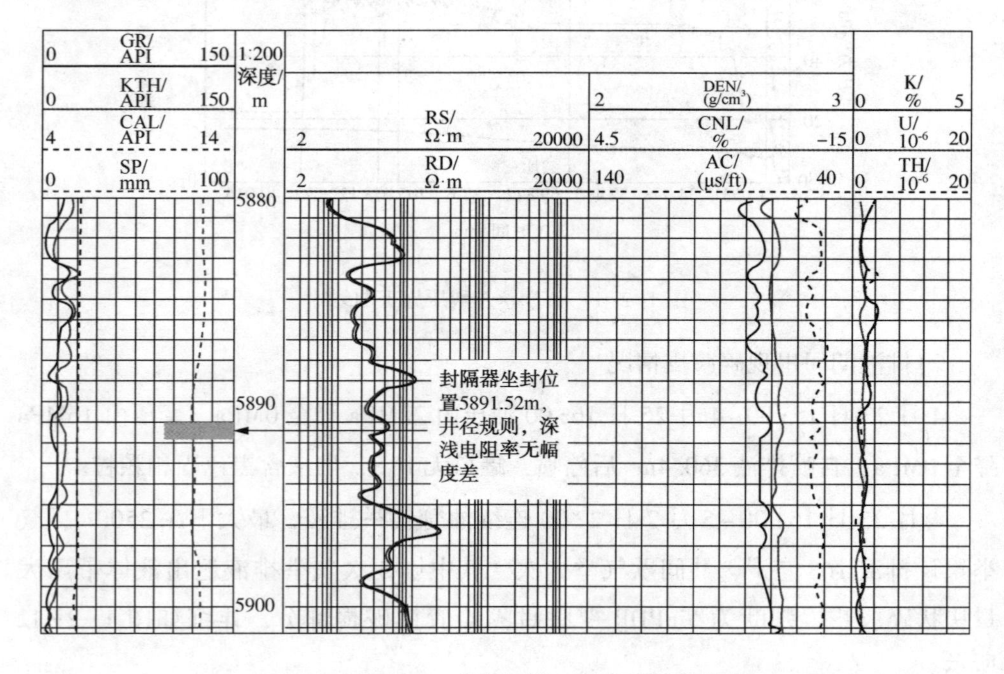

图 1-2-13　YQ××井封隔器坐封井段测井曲线

(2)封隔器坐封位置温度133.15℃(坐封位置5891.52m，地温梯度2.26℃/100m)，排除坐封位置井温超过耐温能力的可能。

(3)酸压期间，套压一直缓慢上升，由8.5MPa上升至16.8MPa(酸压过程中未补套压)，计算正挤冻胶时，封隔器最高承受向上的压差36.91MPa(见表1-2-2)，挤胶凝酸期间，油套压差为1.65MPa(见表1-2-3)，表现为封隔器密封能力逐渐变差，且排液期间返出大量块状碎封隔器胶皮。

表1-2-2　YQ××井正挤冻胶期间计算油套压差数据表

系　列	井口压力/MPa	井筒液体相对密度	液注压力/MPa	摩阻/MPa	封隔器处压力/MPa	油套压差/MPa
油管	94.4	1.01	58.42	41.71	111.35	36.91
环空	8.5	1.14	65.94	0	74.44	

表1-2-3　YQ××井正挤胶凝酸期间计算油套压差数据表

系　列	井口压力/MPa	井筒液体相对密度	液注压力/MPa	摩阻/MPa	封隔器处压力/MPa	油套压差/MPa
油管	57.4	1.10	63.63	39.94	81.09	1.65
环空	16.8	1.14	65.94	0	82.74	

正挤冻胶期间，当封隔器承受最高压差时，封隔器受到向上的活塞力52.91t，水力锚与封隔器之间的距离为113.93m，封隔器自身无锚定，仅有封隔器胶筒与井壁的摩擦力，当封隔器受到的活塞力大于摩擦力加113.93m油管弯曲所需的力时，封隔器上移，当压开储层后泵压下降时(最高瞬间下降达20MPa)，封隔器又向下移动，胶筒与裸眼岩石产生多次相对滑动，封隔器胶筒被坚硬岩石划伤而磨坏，并部分脱落成块状碎胶片，造成封隔器密封能力逐渐变差，详细如图1-2-14所示。

3. 分析结论

酸压初期未进行环空补压，造成封隔器承受压差较大(达到工作能力的82.02%)，这是造成本井封隔器外胶筒部分损坏的主要原因。

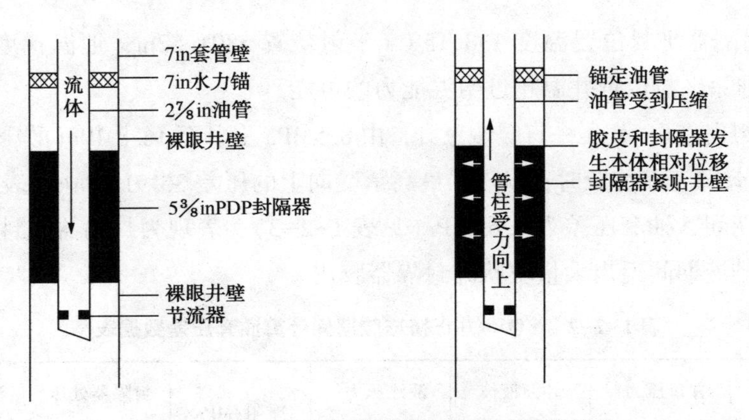

图 1-2-14 PDP 裸眼封隔器失封过程示意图

4. 对策及建议

(1)酸压期间将封隔器承受压差控制在 70%以内，为控制封隔器压差，应及时进行补套压作业。

(2)进行酸压完井管柱设计时，尽量缩短水力锚与裸眼封隔器之间的距离，避免两者之间的距离过长，当封隔器上、下压差较大时，发生管柱弯曲，封隔器胶筒移动，从而造成胶筒损坏。

第2章 K344裸眼封隔器

2.1 封隔器简介

K344裸眼封隔器是一款国产扩张式裸眼封隔器，工具外径有98mm、105/108mm、118mm、128mm、138mm、150mm六种，分别适用于107~118mm、115~126mm、130~142mm、152~158mm、158~165mm、165~185mm裸眼井径，工作压力50MPa，工作温度150/160℃，通过节流压差坐封、压差消除自动解封。在塔河油田主要应用于奥陶系碳酸盐岩裸眼井段酸化压裂，2008~2017年各种作业已累计使用302井次，综合成功率94.37%。K344封隔器结构如图2-1-1所示，实物图如图2-1-2所示，性能参数见表2-1-1。

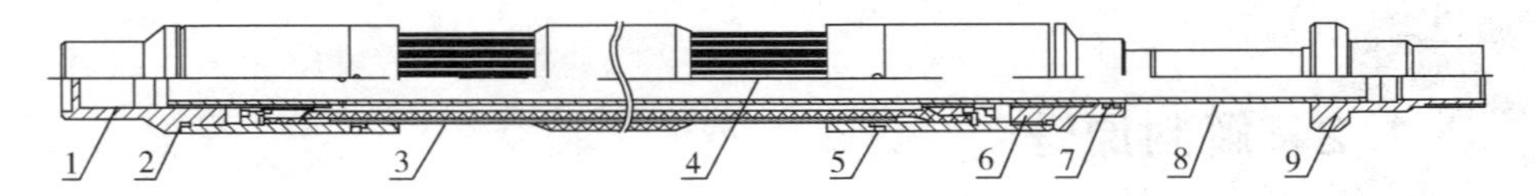

图2-1-1 K344封隔器结构简图

1—上接头；2—密封圈；3—内胶筒；4—钢带；5—螺钉；
6—密封接头；7—密封圈；8—芯轴；9—下接头

图2-1-2 K344封隔器实物图

表 2-1-1　K344 封隔器性能参数表

规　格	最大外径/mm	通径/mm	总长/mm	工作温度/℃	工作压力/MPa	胶筒长度/mm	抗拉强度/t	适应井径/mm
K344-98	98	46	1850	160	45	1200	50	107~118
K344-105	105	45	1850	150	45	1200	50	115~126
K344-108	108	45	1850	160	45	1200	50	115~126
K344-118	118	60	1850	160	45	1200	55	130~142
K344-128	128	60	2200	150/160	50	1200	60	152~158
K344-138	138	60	2200	150/160	50	1200	60	158~165
K344-150	150	60/76	2200	150/160	50	1200	60	165~185

2.1.1　坐封原理

K344 封隔器下部有一级节流器(内径为 32mm 或 35mm)，从油管泵入液体，节流器产生节流压差，泵排量上升，节流压差增大，当产生节流压差达到 0.8~1MPa 时，封隔器开始坐封，当泵排量继续上升产生节流压差达到 14MPa 时，封隔器完全坐封，将油套封隔。酸压结束后，投入相应的钢球，待球入座后打压，将节流器销钉剪断，球及节流器内套落井，形成较大的生产通道。

2.1.2　解封原理

自解封——当停止泵入液体，节流压差消失后，K344 裸眼封隔器胶筒和钢带自动回缩，封隔器完全解封。

2.1.3　结构特点

(1)结构较简单，无须提前坐封，减少了前期井筒作业的工期。

(2)酸压结束，胶筒所承受压差消失，胶筒回缩，封隔器解封。

2.2　封隔器常见问题案例分析

K344 封隔器自使用以来，累计发生问题 17 井次，统计数据见表 2-2-1。

表 2-2-1　K344 封隔器使用情况统计表

年　份	2008 年	2009 年	2010 年	2011 年	2012 年	2013 年	2014 年	2015 年	2016 年	2017 年	合计
使用数/套	22	15	18	35	54	50	37	24	25	22	302
失败数/套	1	0	0	0	5	6	1	1	1	2	17
成功率/%	95.45	100.00	100.00	100.00	88.90	88.00	97.30	95.83	96.00	90.90	94.37

2.2.1　封隔器现场操作问题典型案例分析

【案例 1】TK××井封隔器酸压期间失封

案例井 TK××井于 2013 年 12 月对奥陶系中下统鹰山组（$O_{1-2}y$）5588.00～5630.00m 井段进行酸压完井，采用“掺稀滑套+7⅝in 水力锚+K344-150 裸眼封隔器”完井管柱，封隔器坐封位置 5579.12m，井温 129.4℃，井径 165.1mm（裸眼段），该井 7⅝in 套管回接至井口。井身结构及入井管串如图 2-2-1、图 2-2-2 所示。

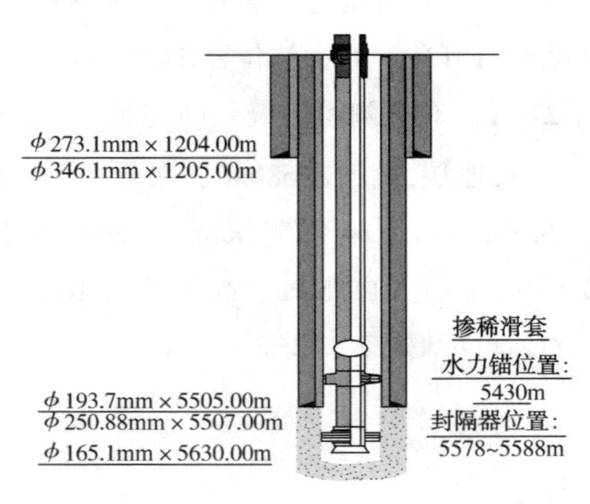

图 2-2-1　TK××井井身结构图

管柱	名称	内径/mm	外径/mm	总长度/m	下深/m	备注
	油补距			6.48	6.48	
	油管挂	76.00	176.00	0.4	6.88	
	变扣接头	76.00	88.9	0.33	7.21	
	油管	76.00	88.9	5418.63	5425.84	
	变扣接头	76.00	88.9	0.5	5426.34	
	掺稀滑套	65.00	114.00	0.44	5426.78	
	水力锚	76.00	162.00	0.56	5427.34	
	变扣接头	76.00	88.9	0.53	5427.87	
	油管	76.00	88.9	149.82	5577.69	
	变扣接头	76.00	88.9	0.5	5578.19	
	K344裸眼封隔器	76.00	150.00	2.99	5580.25	
	变扣接头	76.00	88.9	0.53	5580.74	
	油管	76.00	88.9	9.46	5590.24	
	变扣接头	76.00	88.9	0.5	5590.74	
	节流器	30.00	115.00	0.21	5590.95	
	喇叭口	76.00	88.90	0.18	5591.13	

图 2-2-2　TK××井入井管串图

1. 施工异常简述

2013 年 12 月 17～19 日组下酸压完井管柱，下入 K344－150 封隔器至井深 5580. 25m，喇叭口位置 5591. 13m，水力锚位置 5427. 34m。

酸压施工：12 月 27 日，对奥陶系中统一间房组（O_2yj）5588. 00～5630. 00m 井段进行酸压施工，注入地层总液量 680m^3，泵压 2. 0～88. 6MPa，套压 0～38. 2MPa，排量 0. 4～6. 3m^3/min。停泵测压降（20min）泵压由 30. 0MPa 降至 28. 5MPa，套压由 23. 9MPa 降至 21. 7MPa。酸压开始 10min 后，油套压趋势相同，显示光油管压力特征，详细如图 2-2-3 所示。

2. 问题分析

A 段：正替滑溜水，排量由 0. 41m^3/min 提高至 1. 42m^3/min，油压由 0MPa 提

高至 2.9MPa 再提高至 40.62MPa，套压 0～0.75MPa，当排量提高至 1.42m³/min 时，泵压 25.2MPa，环空无返液(分析：本阶段显示封隔器有坐封动作，油套不连通)，详细如图 2-2-4 所示。

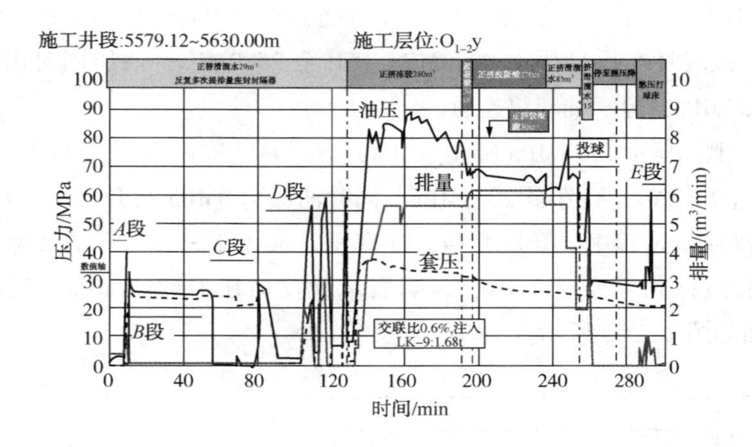

图 2-2-3　TK××井酸压曲线图

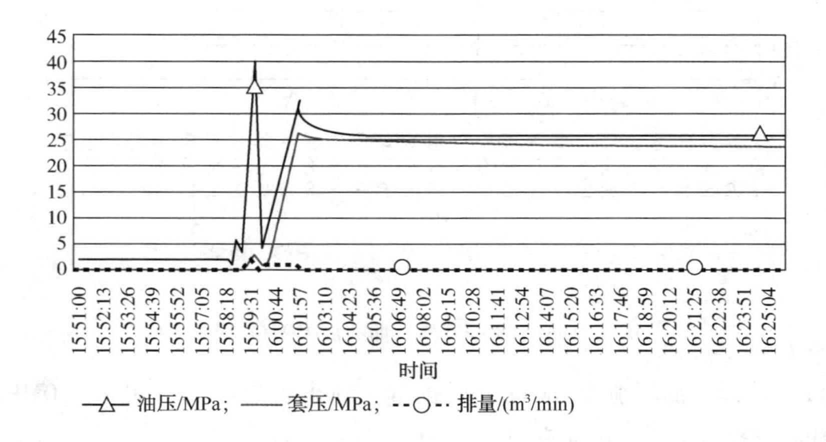

图 2-2-4　TK××井酸压曲线放大图(*A* 段、*B* 段)

B 段：关闭环空闸门补平衡压，酸压队将排量由 1.42m³/min 降至 0.48m³/min，油压由 40.62MPa 降至 4.1MPa(分析：本阶段油压下降正常，与初始排量油压对应)。

关闭环空闸门后，排量由 0.48m³/min 提高至 0.99m³/min 施工时，油压和套压同时上升，当油压由 4.1MPa 上升至 33.4MPa 时，套压由 0MPa 上升至 25.4MPa(分析：该阶段油套压力平行上涨，排量为 0.99m³/min 时，油套压差 8MPa，理论计算摩阻为 8.9MPa，表明油套连通，封隔器未能有效坐封)。

停泵 40min 左右，油压由 33.4MPa 降至 25.1MPa，套压由 25.4MPa 降至 23.3MPa。接着环空反打压由 23.3MPa 上升至 25.0MPa，油压同时由 25.1MPa 上升至 26.7MPa，显示油套仍连通。

C 段：泄油压由 26.7MPa 降至 0MPa，套压从 25MPa 平稳下降至 23.6MPa，之后套压由 23.6MPa 突降至 20.8MPa，同时油压由 0MPa 突升至 4.2MPa(分析：该阶段在泄油压过程中，套压平稳，油套压差最大 23MPa，环空液体相对密度 1.17、油管液体相对密度 1.01，封隔器承受反向压差约 31MPa，呈现单向密封)，详细如图 2-2-5 所示。

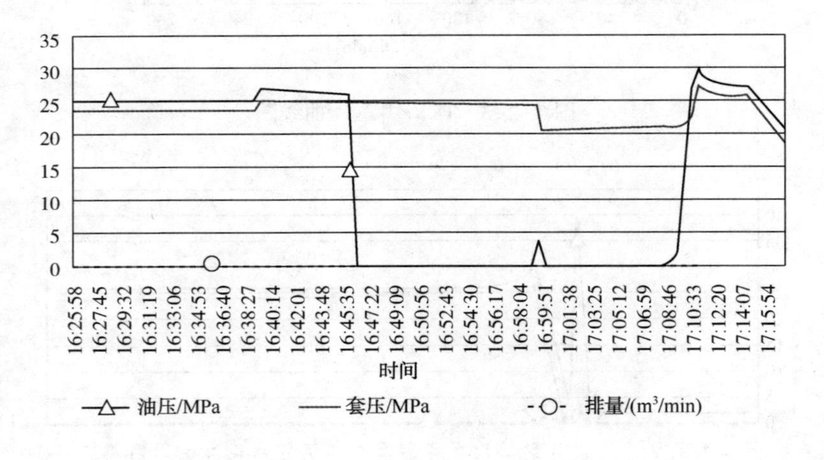

图 2-2-5　TK××井酸压曲线放大图(*C* 段)

D 段：继续将油压泄至 0MPa，提排量重新坐封封隔器，油压由 0MPa 升至 29.76MPa，套压由 23.3MPa 升至 27.46MPa，显示油套仍然连通。

泄油压至 0MPa，套压至 0MPa，连续 3 次提排量坐封封隔器，环空仍返液，显示封隔器坐封无效，油套仍连通，详细如图 2-2-6 所示。

E 段：起泵憋节流器，油压由 28.3MPa 升至 35.1MPa 又升至 61.6MPa 而后降至 23.2MPa，套压由 21.6MPa 降至 20.8MPa(分析：打掉节流器动作明显，期间套压波动较小，表明节流器之上管柱、水力锚、封隔器内胶筒不存在漏点)。

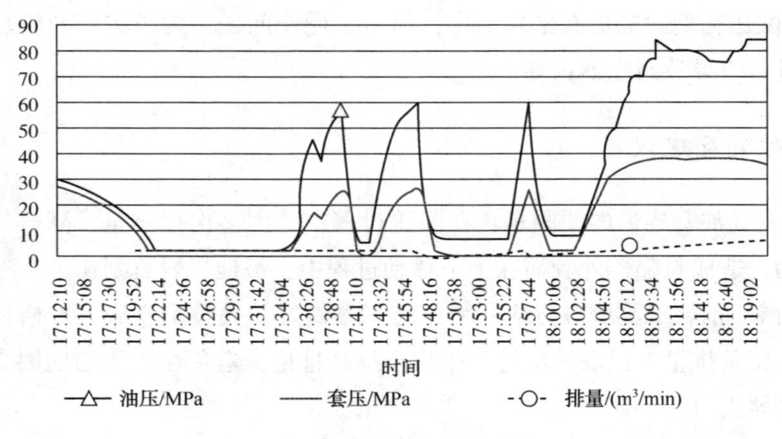

图 2-2-6　TK××井酸压曲线放大图

3. 分析结论

（1）本井起泵憋掉节流器，封隔器内胶筒完好，表明节流器之上管柱、水力锚、封隔器内胶筒不存在漏点，可以判断管柱不存在漏点。

（2）在封隔器初始坐封的 *A* 阶段，封隔器有坐封动作，后降低排量，封隔器胶筒回缩，造成封隔器外胶筒在上下移动过程中，被地层岩石划伤，导致再次提排量时无法保证其密封性能(封隔器坐封位置测井曲线如图 2-2-7 所示)。

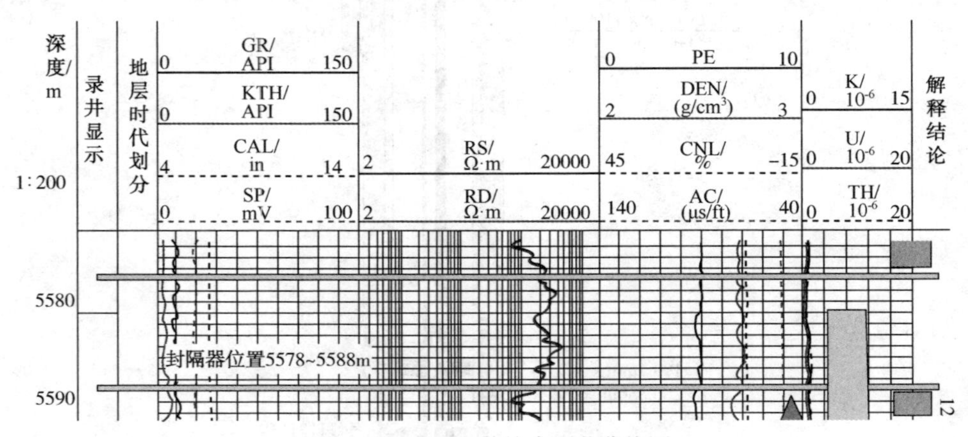

图 2-2-7　TK××井综合测井曲线图

（3）封隔器出现单向密封的原因是胶筒未完全回缩，在环空液柱压差下，外胶筒承压形成反向密封；正打压则改变挤压变形状态，产生通道。

(4)酸压初期封隔器有坐封动作，但由于操作问题，为了关闭套管环空闸门而降低排量，导致封隔器损坏。

4. 对策及建议

(1)造成油套连通的原因是：在酸压过程中，因多次提排量、降排量，管柱上下窜动，造成封隔器外胶筒在上下移动过程中，被地层岩石划伤。

(2)酸压前，工具服务方应同酸压施工方做好相关技术交底，严格控制酸压过程中泵压及排量，保证酸压过程中稳步提高排量，避免在酸压初期因突降排量造成封隔器失封。

2.2.2 封隔器质量问题典型案例分析

【案例 1】TH××井封隔器坐封失败

案例井 TH××井于 2012 年对奥陶系中统一间房组(O_2yj)井段 6100~6145m 酸压完井，采用“掺稀滑套+7⅝in 水力锚+K344-150 裸眼封隔器+节流器”完井管柱，封隔器坐封位置 6093.22m，井温 138.16℃，井径 6.5in(165.1mm)，该井7⅝in套管直下，其井身结构、入井管串数据如图 2-2-8、图 2-2-9 所示。

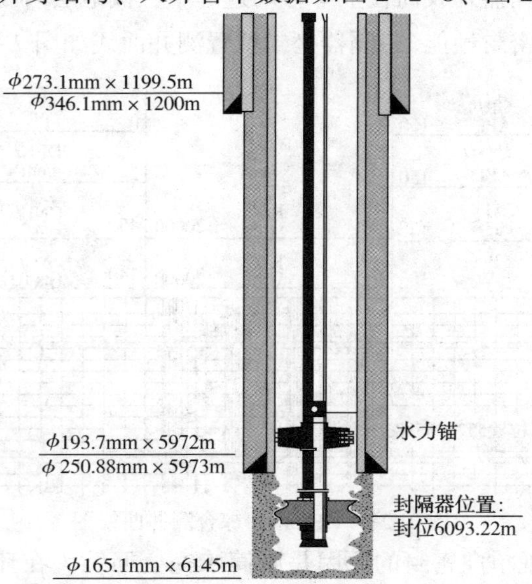

图 2-2-8　TH××井井身结构图

管柱	名称	内径 /mm	外径 /mm	总长度/ m	下深/ m
	油管挂	76.00	175.00	0.35	
	双公接头	76.00	88.90	0.33	
	3½inTP-JC油管	76.00	88.90	5485.15	
	变扣接头	62.00	73.00	0.4	
	2⅞inTP-JC油管	62.00	73.00	418.89	
	变扣接头	62.00	73.00	0.39	
	掺稀滑套	48.00	108.00	0.39	5912.40
	变扣接头	62.00	73.00	0.35	
	2⅞inTP-JC油管	62.00	73.00	9.29	
	变扣接头	62.00	88.90	0.9	
	7⅝in水力锚	76.00	160.00	0.46	5923.40
	变扣接头	62.00	88.90	0.35	
	2⅞inTP-JC油管	62.00	73.00	167.74	
	变扣接头	62.00	88.90	0.8	
	LXK344-150封隔器	76.00	150.00	0.93 1.13	6093.22
	扶正器	76.00	158.00	0.23	
	变扣接头	62.00	88.90	0.36	
	2⅞inTP-JC油管	62.00	73.00	18.67	
	节流器	32.00	114.00	0.23	6114.74

图2-2-9　TH××入井管串数据图

1. 施工异常简述

2012年7月2日组下底带 ϕ165.1mm钻头的通井管柱通井；用相对密度1.17的泥浆循环至进出口液性一致。5~6日组下酸压完井管柱至6114.74m。6~7日用相对密度1.15的油田水反替井内相对密度1.17的泥浆，并用45m^{3}相对密度1.15的油田水反循环洗井至进出口液性一致。

7月12日酸压施工，正替滑溜水，准备坐封封隔器，排量0~4m^3/min（LXK344-150封隔器坐封排量为1m^3/min），泵压0~92MPa，油套压力同步响应，5次提排量坐封封隔器未成功。关环空，油管正挤压裂液和酸液。泵压4.1~92.1MPa，套压0~46.6MPa，排量0~5.65m^3/min，酸压过程中，油套连通，压力同步响应明显。后投球起泵憋掉节流器，泵压由44.4MPa升至65.6MPa后降至45MPa，套压保持停泵压力36.3MPa左右不变。详细情况如图2-2-10所示。

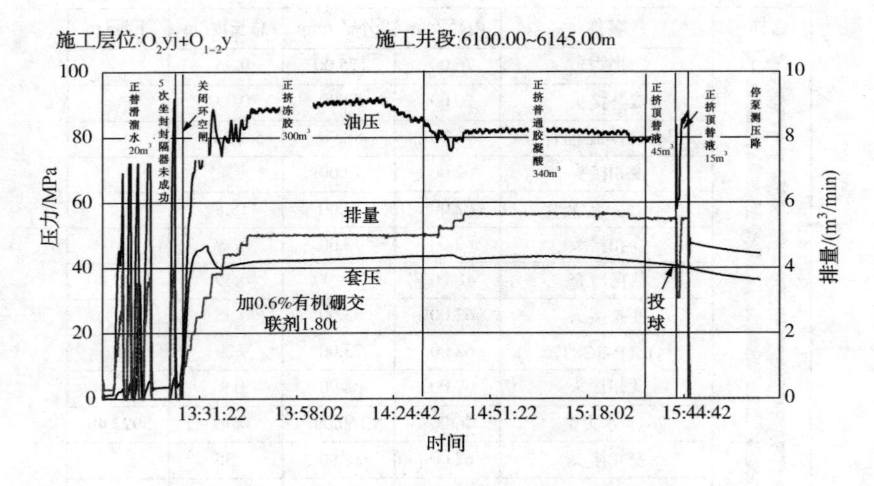

图 2-2-10　TH××井酸压施工曲线图

7 月 13 日见稠油 30%关井，正注稀油。投球，正注稀油 0.2m³，泵压由 40MPa 升至 48MPa 后降至 40MPa，打掉掺稀滑套。

2. 问题分析

1) 现象分析

(1) 本井洗井完至组下完酸压完井管柱间隔时间 74h，期间没有循环动作，泥浆相对密度 1.17，黏度 47s。

(2) 酸压完井管柱下至井深 5180m 时，以 9 根/时的速度缓慢下放，下放有遇阻显示(1~2t)。分析可能存在泥浆沉降变黏情况。

(3) 起泵、正替滑溜水，准备坐封封隔器过程中，最大排量达 4m³/min，远大于封隔器坐封要求排量 1m³/min，且正替 20m³ 滑溜水过程中，环空返液正常，显示封隔器没有明显胀开。

(4) 整个酸压过程中，油套压力同步相应变化，油套压力及井筒内液柱压力基本保持平衡，显示油套始终处于连通状态。

(5) 打球座过程及打开掺稀滑套过程中，压力变化正常、打开顺利，表明整个管柱没有漏点，具有很好的密封性能。

2) 原因分析

在坐封封隔器过程中，始终显示油套连通，封隔器未坐封。造成这种情况的原因可能有 4 种：

（1）封隔器在节流压差下正常膨胀坐封，但管柱存在漏点，造成油套连通。从打掉节流球座、打开掺稀滑套施工过程分析，整个管柱密封性能很好，未存在漏点。

（2）封隔器在节流压差下正常膨胀坐封，但坐封段地层井径过大、不规则，存在纵向裂缝，导致封隔器密封不严，油套连通。

从本井综合测井曲线及成像测井图来看（见图 2-2-11），坐封井段井径平整规则、岩性较为致密，封隔器坐封位置 6090～6100m 井段前后 5m 井径保持在 165.10～167.64mm。完全符合 LXK344-150 封隔器坐封要求（适应裸眼 165～185mm）。

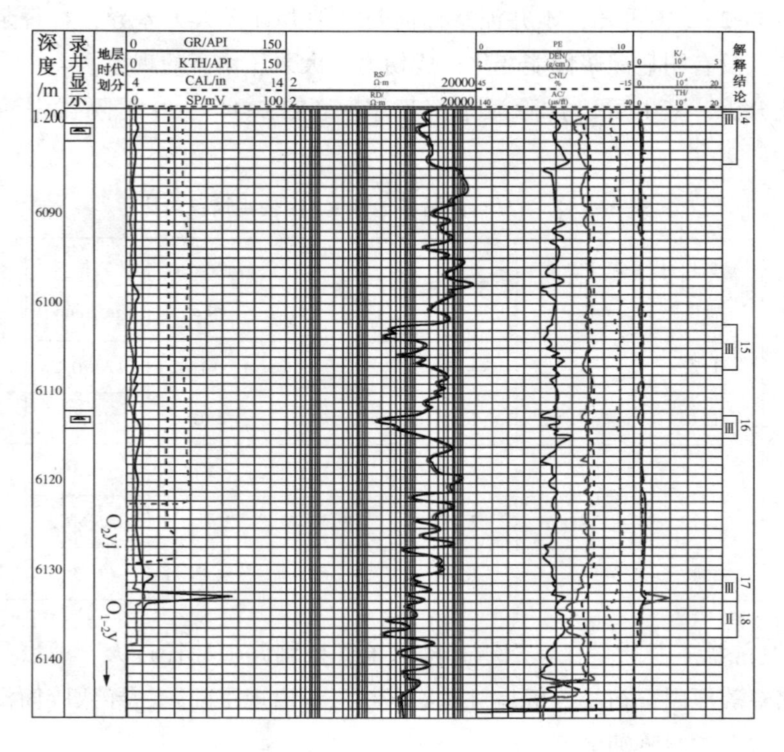

图 2-2-11　TH××井综合测井曲线图

对比分析本井成像测井图，封隔器坐封井段岩性较为致密，封隔器若正常坐封，不会出现上下被裂缝沟通的情况。若封隔器正常胀开，地层即使存在裂缝，替液排量会比较小，会存在很明显的节流效应，但在开始起泵正替滑溜水过程中，排量最高达到 4m^3/min，显示环空畅通。因此可以排除地层原因。

(3)井筒泥浆固相沉积堵塞封隔器进液孔(进入封隔器液压腔膨胀胶筒的通道，位于封隔器中心管内壁，孔径 6mm，对称分布 4 孔)，节流压差无法传递至液压腔，导致封隔器胶筒未胀开。

本井完井管柱在泥浆中下入，在组下完井管柱到位之前，井筒内泥浆 74h 未循环，泥浆可能存在一定的沉积变稠情况。但以往在塔河油田 K344 封隔器有很多都是在泥浆中下入然后再替浆，使用情况都很正常，都能成功坐封。本井与近期其他井 K344 施工使用情况详细对比见表 2-2-2。

从表 2-2-2 中可知，本井泥浆性能与其他井并无太大差异，且替浆过程泵压也较小，没有明显泥浆性能变化造成切力增大泵压增高的现象。

由此分析，基本可以排除泥浆沉积堵塞 LX K344-150 封隔器进液孔的可能性。

表 2-2-2　TH××井与其他井 K344 使用情况对比

井　号	泥浆相对密度	泥浆黏度/mPa·s	封隔器	替浆方式	替浆泵压/MPa	替浆排量/(m^3/min)	坐封是否成功
TH1217××	1.27	45	K344	反替	4→14→2	0.3→0.26	是
TK6-××	1.12	51	K344	反替	2-0	0.27	是
TK69××	1.13	42	K344	正替	5	0.3	是
TH121××	1.17	42	K344	反替	4	0.2→0.3	是
TH123××	1.17	47	K344	反替	2→4.7→1	0.3	否

(4)封隔器本身质量存在问题，排除了管柱刺漏、井径过大、地层裂缝、泥浆沉积堵塞等原因，初步分析是封隔器本身质量出现了问题，导致胶筒没有明显胀开，无法正常封隔油套。

3. 分析结论

本次封隔器未坐封的原因，可以排除管柱漏点、地层和泥浆沉积堵塞的影响，封隔器胶筒没有明显胀开，油、套没有封隔显示，封隔器本身质量出现问题。

4. 对策及建议

(1) 制定严格的井下工具质量检测标准，各指标均合格后方可入井。

(2) 提高工具方的专业操作技能及业务素质，施工过程中应结合实际施工情况，确定合理的施工方案，做到具体问题具体分析。

(3) 建议工具方总结查找工具存在的不足，并向厂家反馈，完善工具性能，提高工具质量。

【案例 2】TP××井封隔器坐封失败

案例井 TP××井于 2017 年对奥陶系中统一间房组及中下统鹰山组（$O_2yj+O_{1-2}y$）6990.00~7077.00m 酸压完井，采用"2⅞in 伸缩节+2⅞in 水力锚+滚珠扶正器+K344-128 裸眼封隔器（6984.37m）+滚珠扶正器"完井管柱，封隔器坐封井温 157.91℃，井径 154.78mm（7in 套管内），该井 7in 套管未回接，其井身结构及入井管串如图 2-2-12、图 2-2-13 所示。

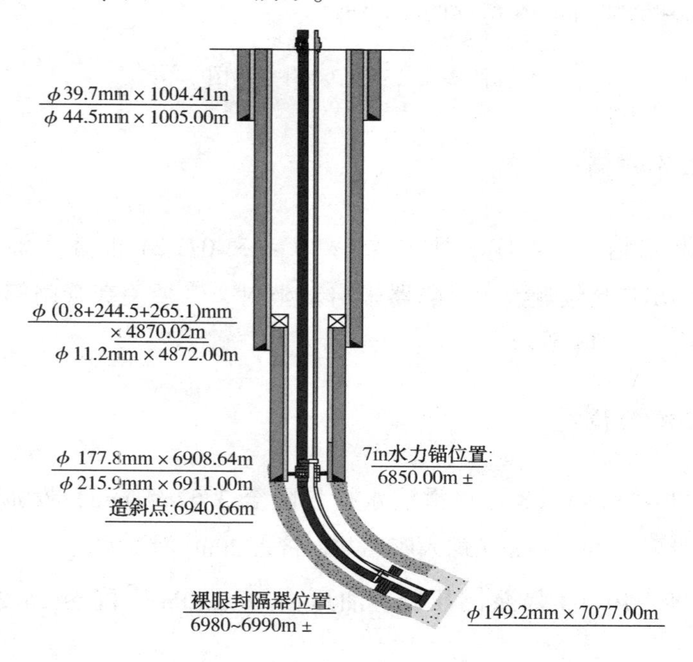

图 2-2-12　TP××井井身结构图

管柱	名称	内径 /mm	外径 /mm	总长度/ m	下深/ m
	油管挂			0.42	9.92
	双公接头			0.69	10.61
	油管	76.00	88.9	4481.65	4492.26
	油管	76.00	88.9	1505.41	5997.67
	变丝	62.00	109.00	0.78	5998.45
	油管	62.00	73	836.67	6835.12
	变丝	62.00	73.00	0.90	6836.02
	伸缩节	60.00	114.00	3.72	6839.74
	油管	62	73	9.55	6849.29
	水力锚	60.00	161.00	0.38	6849.67
	油管	62	73	133.32	6982.99
	滚珠扶正器	62.00	136.00	0.4	6983.39
	K344裸眼封隔器	60.00	128	1.38	6985.75
	滚珠扶正器	62.00	136.00	0.42	6986.17
	油管	62	73	9.53	6995.70
	节流器	30.00	94.00	0.16	6995.86
	油管	62	73	9.52	7005.38
	引鞋	78.00	128.00	0.17	7005.55

备注:
1. 节流器内径：30/59。
2. 水力锚工作温度177℃，工作压力70MPa。
3. 封隔器工作温度160℃，工作压力50MPa。

图 2-2-13　TP××井管串图

1. 施工异常简述

正替滑溜水情况：4 月 5 日 12:58:10～13:07:24 正替滑溜水排量 0～2.51m^3/min，出口持续返液。封隔器未启动坐封。停泵关套管闸门，正挤滑溜水，详细如图 2-2-14 所示。

2. 打节流器情况

18:40:08～18:44:08 正挤滑溜水排量降至 3.62m^3/min，投 ϕ38mm 钢球，排量逐渐增加至 5.3m^3/min 送球入座，共计挤入 20m^3 滑溜水。

18:44:08～19:04 停泵测压降，油压由 26.2MPa 下降至 24.3MPa，候球入座。

19:04～19:38 分别以 0.3m^3/min、0.5m^3/min、1.0m^3/min、1.5m^3/min 排量

送球及击球座，此期间共计挤入 30m³ 滑溜水打节流器，未见节流器有击落显示，停泵酸压结束。详细如图 2-2-15 所示。

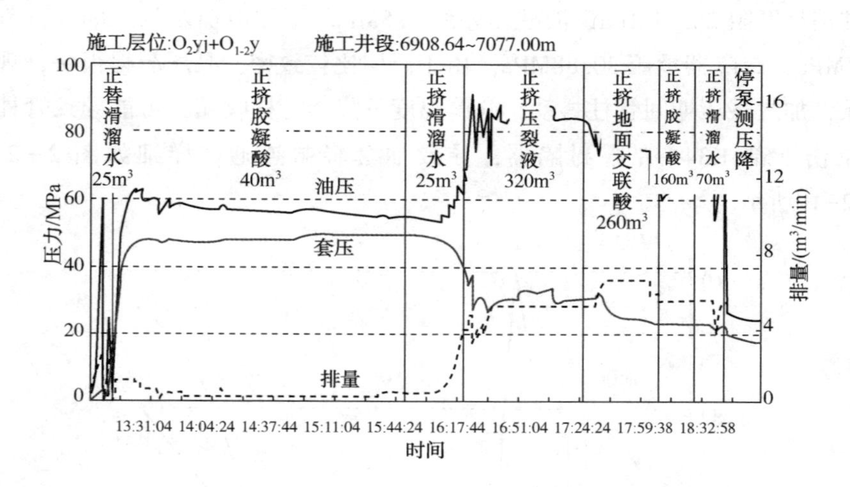

图 2-2-14 TP××井酸压施工情况

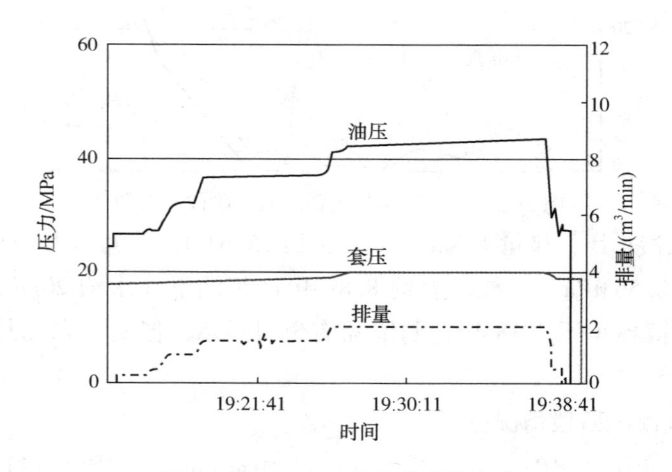

图 2-2-15 TP××井打节流器情况

3. 问题分析

1）封隔器正替滑溜水坐封情况分析

4 月 5 日 12：58：10~12：59：12 正替滑溜水排量 0~0.4m³/min，24s 后出口见明显连续返液。后提排量继续正替滑溜水，井口持续返液，未见断流现象。

该井共计两次阶梯提排量坐封封隔器，相关计算如下：

A 点封隔器承压最大，排量 2.5m^3/min，油压 60.26MPa，套压 2.94MPa，此时管柱消耗摩阻 20.51MPa，液柱压差约 3.8MPa(正注滑溜水约 10m^3)，节流压差 1.7MPa，封隔器承压 30.88MPa。由于产层比较致密，泵压起得很快，现场反复停泵，加之酸压期间管柱抖动，井筒温度下降，管柱收缩，可能导致管柱等效上提拉伤下部 K344 裸眼封隔器，导致油套轻微连通。详细如图 2-2-16、图 2-2-17所示。

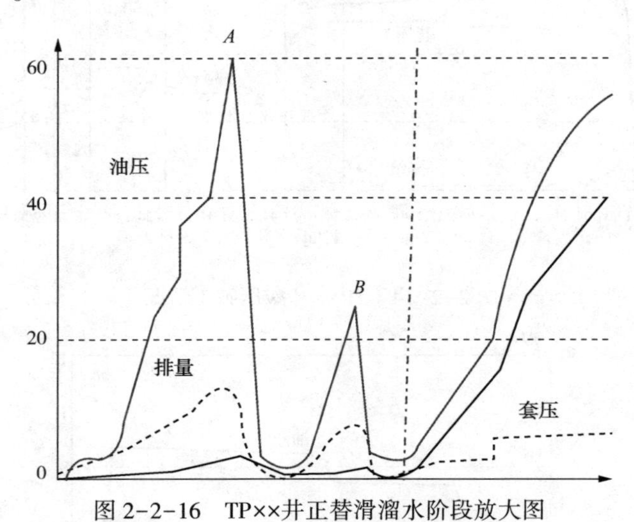

图 2-2-16　TP××井正替滑溜水阶段放大图

B 点封隔器承压，排量 1.5m^3/min，油压 25.64MPa，套压 1.34MPa，此时管柱消耗摩阻 12.56MPa，液柱压差约 8.89MPa(正注滑溜水约 20m^3)，节流压差 0.61MPa，封隔器承压 2.18MPa(封隔器有坐封显示，但实际未能封住，环空返液)。

2) 正挤胶凝酸阶段情况分析

该阶段限套压 50MPa 施工，排量 0.2~1.01m^3/min，油压 55.11~62.49MPa，套压 46.88~49.67MPa，节流压差 0.01~0.27MPa(封隔器无坐封显示)，详细如图 2-2-18 所示。

3) 正挤滑溜水和压裂液阶段情况分析

A 阶段开始提排量正挤压裂液过程中，套压不随泵压上升，排量 0.38~4.53m^3/min，节流压差 0.04~5.59MPa，封隔器最大承压 17.17MPa(封隔器有坐封显示)，详细如图 2-2-19 所示。

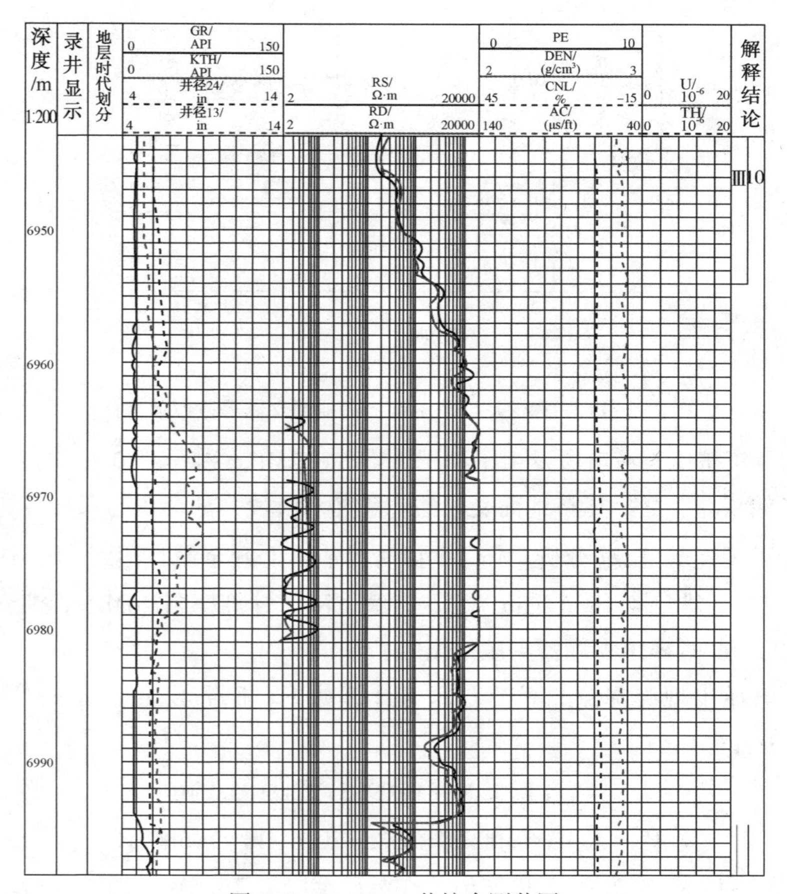

图 2-2-17　TP××井综合测井图

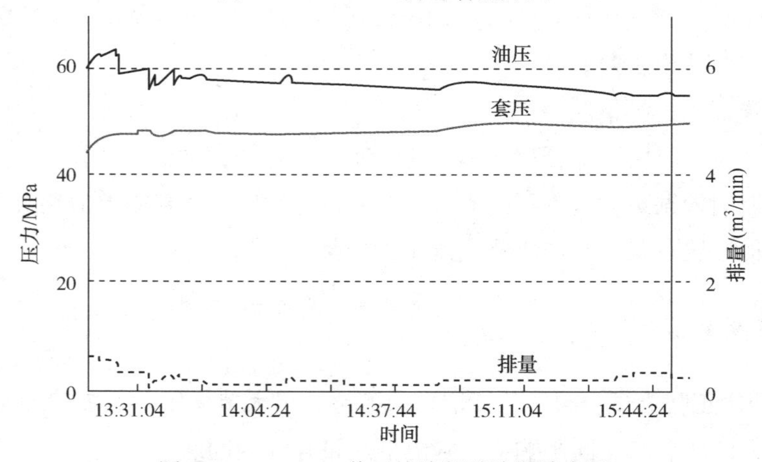

图 2-2-18　TP××井正挤胶凝酸阶段放大图

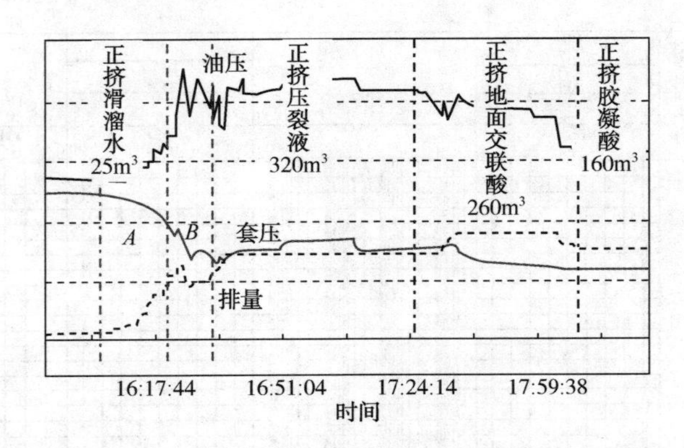

图 2-2-19　TP××井正挤压裂液和地面交联酸阶段放大图

B 阶段正挤压裂液阶段发生了油压突降(86.2MPa 突降至 70.6MPa)，表明地层沟通了储集体，之后正挤地面交联酸和滑溜水阶段，油套压与泵压变化趋势一致，油套出现连通迹象(分析：16:25 该阶段油压上升至最高达到 91.36MPa，套压 33.72MPa，排量 4.18m^3/min，套压持续下降，计算摩阻 40MPa，油套密度差 3.5~5MPa，此时裸眼封隔器承压 13MPa)。

泵压开始出现突降，此时油套压力计算如下(排量 4.66m^3/min，摩阻系数 0.007MPa/m)：

$$P_{环}=1.15\times0.00981\times6985+27=105.8\text{MPa} \tag{2-1}$$

$$P_{油}=1.10\times0.00981\times6985+70.6-40=106\text{MPa} \tag{2-2}$$

由式(2-1)和式(2-2)可以看出，在泵压突降至 70.6MPa 时，对应的油管内压力为 106MPa，而此时环空压力为 105.8MPa。油套压差 0.2MPa，压差足够小，远远没有超出其承压差能力。

4)节流器未打掉情况分析

酸压结束后打内节流器时出现异常(油压、套压同步)，内节流器未正常击落，酸压期间未见明显节流器击落显示，分析是酸压期间封隔器胶筒处存在漏点或管柱其他位置有漏点，造成节流器无法击落。

4. 分析结论

(1)两次正替尝试坐封，均无法形成断流，最大节流压差 1.7MPa，在整个酸压过程中，油压、套压同步响应，封隔器质量存在问题。

(2)打节流器无显示，整个酸压过程的节流压差(最大11.65MPa)不足以提前打掉节流器(销钉设置17.5MPa)，封隔器存在漏点是导致节流器打不掉的主要原因。

5. 对策及建议

(1)制定严格的井下工具质量检测标准，各指标均合格方可入井。

(2)提高工具方的专业操作技能及业务素质，施工过程中应结合实际施工情况，确定合理的施工方案，做到具体问题具体分析。

(3)建议工具方总结查找工具存在的不足，并向厂家反馈，完善工具性能，提高工具质量。

2.2.3　封隔器工艺问题典型案例分析

【案例1】YB1-××井酸压过程中封隔器失封

案例井YB1-××井于2013年5月对奥陶系中统一间房组(O_2yj)6259~6623m酸压完井，采用"7in水力锚+滚珠扶正器+安全丢手+LXK344-138裸眼封隔器+节流器+圆头引鞋"完井管柱，封隔器坐封位置6252.43m，井温142.69℃，井径6in(152.4mm)，该井7in套管未回接，悬挂器位置3614.86~3619.69m，其井身结构、入井管柱数据如图2-2-20、图2-2-21所示。

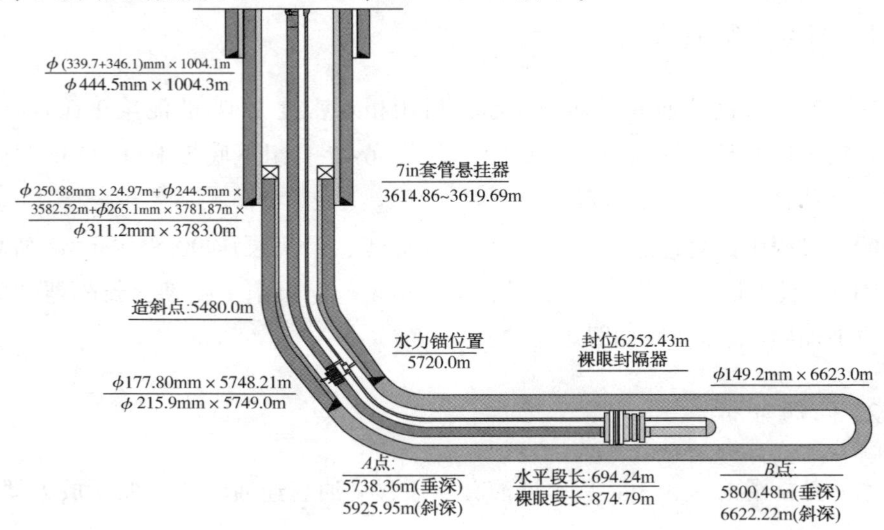

图2-2-20　YB1-××井井身结构图

管柱	名称	内径 /mm	外径 /mm	总长度/ m	下深/ m
	油管挂	76.00		0.35	
	双公接头	76.00	88.90	0.36	
	3½inTP-JC油管	76.00	88.90	5686.82	
	2⅞inTP-JC平角油管	62.00	73.00	18.6	
	7in水力锚	62.00	146.00	0.4	
	2⅞inJC倒角油管	62.00	73.00	279.22	
	滚珠扶正器	62.00	142.00	0.4	
	2⅞inJC倒角油管	62.00	73.00	252.45	
	液压丢手			0.47	
	滚珠扶正器	62.00	142.00	0.4	
	LX K344-138封隔器	60	138.00	1.04 1.25	6252.43
	滚珠扶正器	62.00	142.00	0.4	
	节流器			0.16	
	2⅞inJC打孔油管	62.00	73.00	18.72	
	滚珠扶正器	62.00	142.00	0.4	
	圆头盲堵引鞋		120.00	0.18	6274.28

图 2-2-21　YB1-××井入井管串数据图

1. 施工异常简述

5 月 2~4 日铣柱通井无遇阻显示，后用相对密度 1. 14 的泥浆正循环洗井。4~6 日模拟通井至井深 6279m，无遇阻显示。6~7 日组下底带 K344-138 封隔器的酸压完井管柱，无遇阻显示。

酸压过程中油套连通：5 月 17 日酸压施工，最高泵压 90. 8MPa，最高套压 61. 7MPa，最大排量 5. 5m^3/min，共注入 750m^3。起泵施工初期，封隔器瞬间失封，取消加砂(酸压曲线如图 2-2-22 所示)。

2. 问题分析

本井正挤滑溜水 3. 3m^3 后验证油套连通，见油套连通前酸压曲线放大图(见图 2-2-23)。

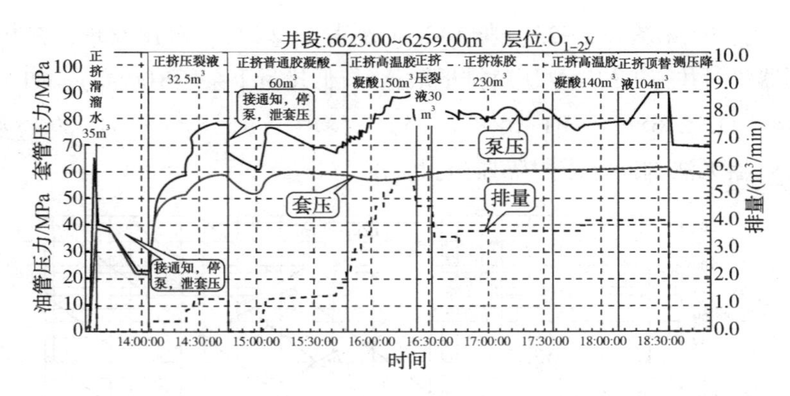

图 2-2-22　YB1-××井酸压施工曲线图

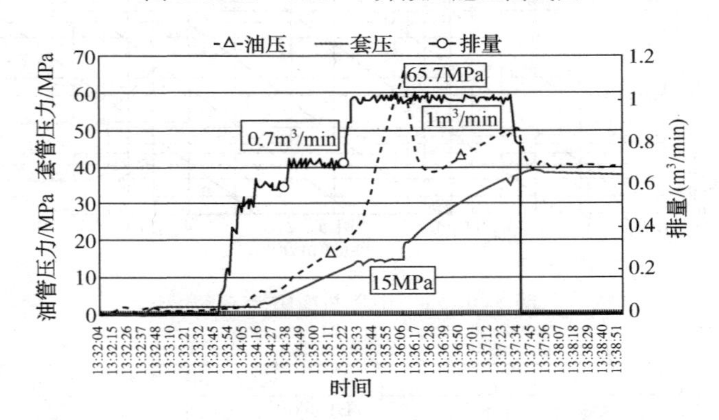

图 2-2-23　YB1-××井酸压施工油套连通前酸压曲线放大图

当排量从 0.7m³/min 增加至 1m³/min，初期套压维持在 15MPa，稳定时间 33s，在此时间段内，油压持续上升至 65.7MPa，之后显示套压持续上升，油套连通。通过计算，在 1m³/min 排量下(全井油管简化为 3½in 油管，油管内介质简化为清水)，油管摩阻值约为 9.61MPa(排量摩阻关系如图 2-2-24 所示)。封隔器失封瞬间承压值约为 65.7MPa-15MPa-9.61MPa=41.09MPa。

3. 分析结论

(1)通过计算，本井 K344-138 封隔器失封瞬间承压值约为 41.09MPa，接近封隔器额定承压值 50MPa 极限。承压值较大可能是造成本井失封的主要原因。

(2)为分析本井泵压异常高原因，对 2013 年采用 K344 封隔器井酸压施工参数做了统计整理(见图 2-2-25、表 2-2-3 及表 2-2-4)。对比发现，在相同排量下，封隔器失封井施工初期泵压对排量敏感(较低排量下泵压值较高)，如 YB1-××、TH1226××、TH1226××、YB1-6××井。YJ1-1××、YB1-6××和 TP320X××井因使用套管封隔器无法判断裸眼封隔器坐封情况。

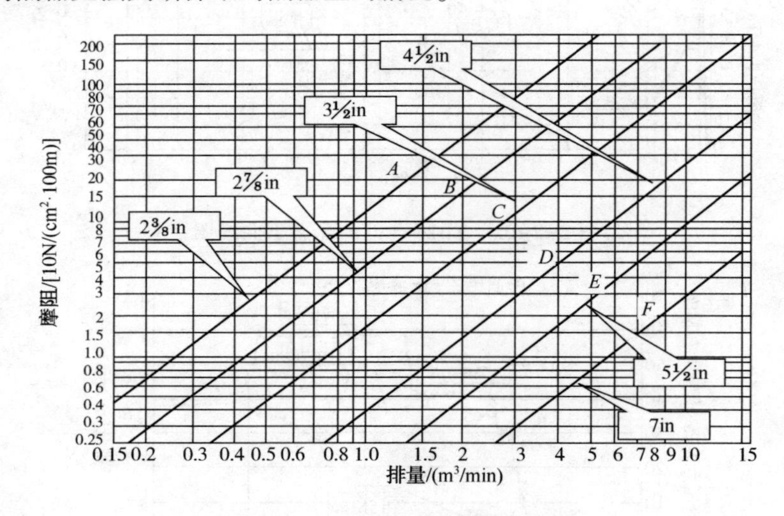

图 2-2-24 排量与摩阻关系图

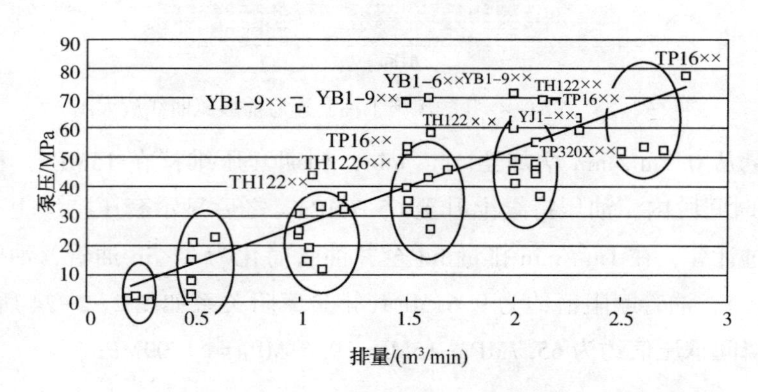

图 2-2-25 2013 年采用 K344 封隔器井酸压施工泵压排量对比图

(3)酸压施工初期，泵压对排量敏感可能是由于地层较致密和地层破裂压力梯度较高。YB1-9××井破裂压力梯度 0.02MPa/m，塔河主体区块破裂压力梯度约 0.016MPa/m，当然，裸眼封隔器失封与地层破裂压力梯度高无直接联系，如酸压流体加重、环空流体相对密度加重等措施均可以在一定程度上保证封隔器坐封良好。

表2-2-3　各井酸压初期施工参数对比表

序号	井号	生产方	裸眼封隔器位置/m	封隔器型号	排量/(m^3/h)	油压/MPa	套压/MPa	备注
1	TK34××	中油能源	5773.04	K344-128	0.2	1.1	0	正常
					1.5	40	0	
					2.1	47	13	
2	TH122××	新疆力信	6116.45	K344-150	1.07	44	5	失封
					1.61	58.3	7.8	
					2.14	69	12.7	
3	TH102××	中油能源	5854.06	K344-150	1.1	32.5	3	正常
					1.6	43	8.3	
					2.1	55	12	
4	TK833××	中油能源	6093.47	K344-128	0.23	2.2	0	正常
					2	41	5	
					2.5	52	3.3	
5	YB1-××	新疆力信	6252.43	K344-138	0.7	18.6	12	失封
					1	65.7	15	
					1.5	68		
					2	72		
6	TK222C××	新疆力信	5953.26	K344-128	0.5	3.7	0	正常
					1.1	12	0	
					1.6	25	0	
					2.1	46.3	7	
					2.3	64		
7	TH1226××	普斯维斯	6295.09	K344-150	0.5	4		失封
					1	24		
					1.5	52		
					2	60		

表 2-2-4　节流器参数对比

工　具	中油能源	新疆力信	普斯维斯	贝　克
内径/mm	32	30	32	25/36（双级）
外径/mm	58	57	58	62

4. 对策及建议

（1）改进节流器结构，采用双节流器，保证在较低排量、较低泵压条件下封隔器已坐封，可进行打备压作业，防止封隔器因承受压差过大失封。

（2）根据区块破裂压力梯度采用不同节流器。

2.2.4　封隔器井筒条件差典型案例分析

【案例 1】TS3-××井封隔器酸压期间压力异常

案例井 TS3-××井于 2016 年 1 月对奥陶系中统一间房组（O_2yj）6570～6648m 酸压完井，第一次完井采用“掺稀滑套+7⅝in 水力锚+安全丢手+ K341-158 裸眼封隔器（6569.60m）”完井管柱；第二次完井采用“掺稀滑套+7⅝in 水力锚+安全丢手+刚性扶正器+ K344-158 裸眼封隔器（6531.78m）+ K344-158 裸眼封隔器（6533.83m）”完井管柱，封隔器坐封井温 148.47℃/147.66℃，井径 171.45mm，该井 7⅝in 套管井口直下，其井身结构及入井管串如图 2-2-26～图 2-2-28 所示。

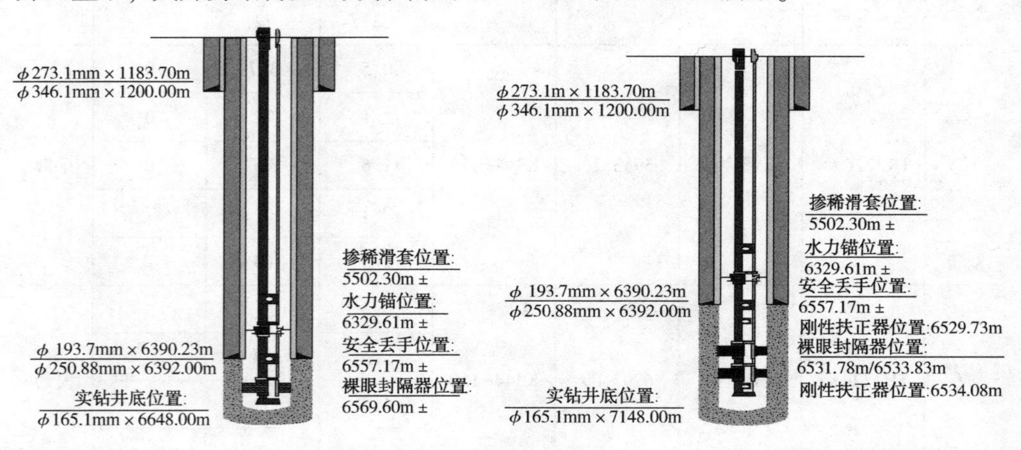

图 2-2-26　TS3-××井井身结构图及第一次完井管串示意图

图 2-2-27　TS3-××井井身结构图及第二次完井管串示意图

管柱	名称	内径/mm	外径//mm	总长度/m	下深/m
	油管挂			0.4	9.77
	双公接头			0.68	10.45
	油管	76.00	88.9	4481.59	4492.04
	油管	76.00	88.9	1009.2	5501.05
	变丝	62.00	88.9	0.85	5501.92
	掺稀滑套	48.00	108.00	0.38	5502.30
	油管	62.00	73	826.45	6328.75
	水力锚	62.00	160.00	0.46	6329.21
	油管	62	73	227.58	6556.79
	安全丢手	62.00	118.00	0.38	6557.17
	油管	62	73	9.55	6556.72
	K344裸眼封隔器	62.00	158.00	1.35	6559.6
	油管	62	73	9.55	6579.15
	节流器	31.00	94.00	0.16	6579.31
	喇叭口	73.00	94.00	0.13	6179.44

备注:

1.掺稀滑套内径：48/52mm；节流器内径：31/59mm。
2.水力锚工作温度150℃，工作压力50MPa。
3.封隔器工作温度160℃，工作压力50MPa。
4.安全丢手：丢开吨位27t，工作温度160℃。

(a)第一次完井

管柱	名称	内径/mm	外径/mm	总长度/m	下深/m
	油管挂			0.4	9.77
	双公接头			0.68	10.45
	油管	76.00	88.9	4482.18	4492.63
	油管	76.00	88.9	1009.2	5501.65
	变丝	62.00	88.9	0.85	5502.51
	掺稀滑套	48.00	108.00	0.38	5502.89
	油管	62.00	73	797.91	6300.8
	水力锚	62.00	160.00	0.46	6301.26
	油管	62	73	19.07	6320.33
	油管	62	73	199.19	6519.52
	安全丢手	62.00	118.00	0.38	6519.90
	油管	62	73	9.58	6519.48
	刚性扶正器	62.00	158.00	0.25	6519.73
	K344裸眼封隔器	62.00	158.00	1.11	6531.78
	K344裸眼封隔器	62.00	158.00	1.11	6533.83
	刚性扶正器	62.00	158.00	0.25	6534.08
	油管	62	73	47.53	6581.66
	节流器	31.00	94.00	0.16	6581.82
	喇叭口	73.00	94.00	0.13	6581.95

备注:

1.掺稀滑套内径：48/52mm；节流器内径：31/59mm。
2.水力锚工作温度160℃，工作压力50MPa。
3.封隔器工作温度160℃，工作压力50MPa。
4.机械丢手撞头：丢开吨位32.4t，工作温度160℃。

(b)第二次完井

图 2-2-28 TS3-3 井入井管串数据图

1. 施工异常简述

1)第一次完井作业施工异常简述

2016 年 1 月 18~20 日组下酸压完井管柱正常到位，底带 K341-158 高温裸眼封隔器，悬重 70t。1 月 21 日泵车反循环替浆完后，逐级正打压至 24MPa，各稳压 3min，封隔器坐封，打压至 25MPa 后降至 22MPa，击落球座；停泵观察 15min，泵压由 22MPa 降至 20MPa，环空压力 0MPa，正注柴油 45L，油压 5MPa，验封合格，泄油压。

(1)酸压施工过程异常。

1 月 25 日 13:41 开始正注滑溜水 40m^3，由于地层致密，压力太高，决定先正注 100m³ 酸软化地层；16: 30 当注入 47m³ 酸时，套压突然升高，油套连通，如图 2-2-29 所示。

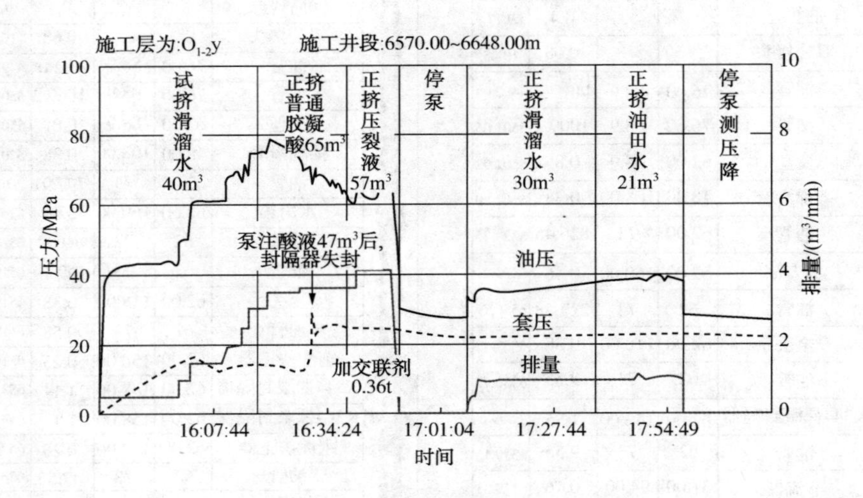

图 2-2-29　TS3-××井酸压施工曲线图(第一次完井)

(2)解封封隔器施工过程异常。

解封封隔器：

1 月 31 日采用相对密度 1.35 的泥浆反循环压井成功。

2 月 1 日悬重由 80t 升至 102t(机械丢手销钉设置 27t，管柱上行 4.46m，计算卡点位置约 6530m，出口泥浆含油花，环空无外溢，油管轻微线流；下放悬重由 102t 降至 80t 又降至 65t(管柱下行 3m)，最大下放加压 20t(管柱下行 3.8m)，释放至原悬重，管柱回至初始位置。解封封隔器失败。

丢手失败：

2 月 1 日 17: 30~19: 40 多次上提下压活动管柱，上提管柱悬重最大 120t(油管抗拉达 110t)，下放至 60t(下压管柱最大 20t)，释放至原悬重，管柱均回至初始位置，丢手未成功。

2 月 1 日 19: 40~22: 00 上提管柱，悬重由 80t 升至 105t 后降至 68t 又上升至 109t 进而上升至 120t，根据多次上提管柱数据，利用卡点公式计算管柱卡点位置，管柱上提悬重 105t，管柱上行 4.46m，计算卡点位置 6397m 上下；管柱上提悬重 108t，管柱上行 5.9m；管柱上提悬重 120t，管柱上行 7.92m，计算卡点位置：约 6414m。根据卡点计算结果分析，卡点位置在水力锚附近。

第二次解封封隔器：

2月2日10:00~15:30下压5t反循环，缓慢下压10t、15t、30t，上下活动11次，悬重、管柱位置不变；上提30t、10t震动管柱，下放至71t，重复4次，原悬重位置变化，上提110t降至81t，判断封隔器已解封。

上提遇卡：

20:30~22:00起油管至井深6457.26m(中胶6446.07m)遇阻6t，悬重76~82t，22:00~22:30尝试下压15t，震动管柱3次，悬重无变化，22:30~次日3:00接方钻杆反循环憋压13MPa不通，尝试正循环憋压10MPa，逐步建立循环，3:00~8:00反循环，排量0.21~1m³/min，泥浆相对密度1.30，泵压4MPa、10MPa、8.5MPa。8:00~9:00尝试下压10t、15t各3次，上提9t，悬重均无变化。

反循环活动管柱解卡：

11:00~13:00用相对密度1.30的泥浆反循环，下压16t、18t、20t、22t，悬重无变化；上提22t，悬重无变化；13:00~14:00用相对密度1.30的泥浆正循环，上提22t(3次)，下冲15t(3次)，均无效；继续活动管柱上提下冲8次，最高上提22t(悬重由76t上提至98t)，最大下冲24t(悬重由76t下放至52t)，无效。

泡酸解卡简况：

2月4日4:00~8:30依次正注相对密度1.30的高黏度泥浆2m³，相对密度1.0的酸液3m³，1.35的高黏度泥浆2m³。

9:30~11:00正替相对密度1.29的泥浆27m³，12:00~13:00多次上提10t、20t，下压24t无效。

13:00~13:30正循环相对密度1.29的泥浆3m³、反循环相对密度1.29的泥浆4.5m³，13:30~14:30逐步上提96~116t，每2t，活动一次，上提至116t下放至76t，复探2次，加压3t，位置不变，解卡成功。

打捞落鱼：

鱼顶深度6434.69m；落鱼结构(22.57m)：丢手接头(下部：长度0.30m；外径89.5mm；内径62mm)+2⅞inEUE油管(9.55m)+K341-158裸眼封隔器(2.88m)+2⅞inEUE油管(9.55m)+2⅞in球座(0.16m)+喇叭口(0.13m)。

组下打捞管柱(悬重143t)探鱼头6434.7m，正循环，排量1.55m³/min，泵压 18MPa 降至 16MPa，出口见油花。

第一次打捞：排量 0.57m^3/min，泵压 4MPa，下压 0.5~1m，下压吨位 1~3t，上提悬重不变，落鱼未捞获。

第二次打捞：排量 1.15m^3/min，泵压 10MPa，下压 3t，下行至 6457m 遇阻 8t，上提 149t 后灵敏针回零，继续下压 3t，落鱼下行至 6461.3m 遇阻 8t，下压 12t 上升至 16t，上提至 160t 上升至 170t，下放至原悬重 143t，继续上提至 180t 后下放至原悬重 143t，上提至 180t 下放至 160t，继续上提捞出落鱼。

管柱起出，检查出井工具：

滑套起出经检查外观完好，无明显划痕，丈量外径 108mm；内径 48mm/52mm，销钉完好滑套未打开，如图 2-2-30 所示。

图 2-2-30　起出压井滑套

水力锚起出经检查外观完好无明显划痕，锚爪复位，锚爪端面不同程度磨损，丈量外径 160mm(正常)，如图 2-2-31 所示。

管柱从丢手位置丢手，带出丢手接头上部，经检查丢手接头上部单面有磨痕，横向磨痕长度 150mm，磨痕深度 2mm，外径 108mm，10 颗销钉已剪切，如图 2-2-32 所示。

图 2-2-31　起出水力锚情况

图 2-2-32　起出丢手情况

水力锚以下 24 根 $2\frac{7}{8}$inEUE 油管有不同程度弯曲变形，弯曲变形较大的$2\frac{7}{8}$inEUE 油管 9 根，如图 2-2-33 所示。

K341 封隔器上连接油管弯曲变形，封隔器内外胶筒和钢带全部落井 1.2m，解封销钉全部剪断；上部接头有明显划痕，其中有两条划痕长度 0.15m/0.31m，下部接头有轻微划痕，打捞筒内夹有胶皮，如图 2-2-34 所示。

图 2-2-33　油管弯曲情况

图 2-2-34　起出封隔器情况

2）第二次完井作业施工异常简述

组下酸压完井管柱异常：2016 年 2 月 19 日组下酸压完井管柱至 5500m，后间断出现遇阻情况 2~3t，继续下放吨位不增加，上提无显示，单根下放后遇阻消除。20 日管柱下至 6581.95m（1#封隔器中胶位置 6530.67m；2#封隔器中胶位置 6532.72m；水力锚位置 6301.26m；掺稀滑套位置 5502.89m）。

2016 年 2 月 21 日用相对密度 1.15 的油田水替浆、洗井正常。

酸压施工异常：2016 年 3 月 1 日 12:45 正替滑溜水 $28m^3$，排量 $0\sim3m^3/min$，泵压 0~79.4MPa，套压 0~7.6MPa，共 5 次试坐封封隔器未成功。13:42~13:55 反替油田水 $3m^3$，排量 $0.3m^3/min$。

13:55 现场关套管闸门施工。施工曲线如图 2-2-35 所示。

2. 问题分析

1）第一次坐封异常情况原因分析

封隔器处地层当酸进入后发生酸蚀连通；前期注入滑溜水时酸压正常，排量 $0\sim3.5\ m^3/min$，压力 0~79.2MPa；当酸液进入地层 $17.5m^3$，排量 $3.6m^3/min$，油压 67MPa，套压由 14MPa 升至 28.8MPa，油套连通。

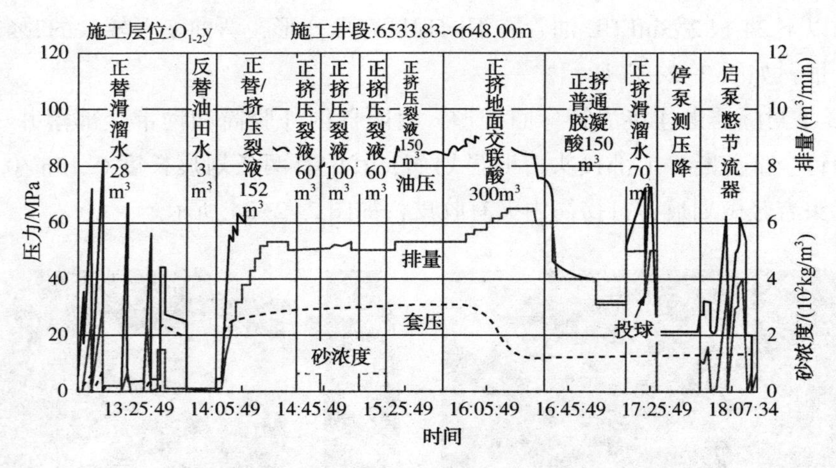

图 2-2-35　TS3-××井酸压施工曲线（第二次完井）

酸压期间出现套压升高时，泵压 67MPa，排量 3.6m³/min，摩阻按排量 5m³/min 计算约 35MPa，实际摩阻要低于 35MPa。坐封段井径 171.45mm，封隔器中心管外径 88.9mm，按照已知数据计算可知，封隔器处向上产生的活塞力至少为 590kN。

因此，在酸压施工过程中由于地层压力高，注入酸液时，封隔器以下地层还未完全压裂开，酸液进入封隔器坐封井段，逐渐将地层腐蚀、连通，封隔器逐渐失去外部支撑力，导致封隔器出现向上位移，产生活塞力，由于水力锚起到锚定的作用，向上的活塞力导致水力锚以下油管受力，产生弯曲变形，造成水力锚爪与套管内壁形成相对移动产生磨损。

（1）正挤胶凝酸 *A* 时相关力学计算分析。

①水力锚、封隔器处压力计算，如图 2-2-36 所示。

由酸压曲线可读，*A* 点处泵压 70.38MPa，套压 12.42MPa，排量 3.61m³/min，此排量对应水力锚处所受摩阻 30.71MPa，封隔器处所受摩阻 32.44MPa。

水力锚处所受压力：

$$\Delta P_{水力锚} = P_{泵压} + P_{油管内液柱} - P_{摩阻} - P_{套压} - P_{环空液柱} = 18.56\text{MPa} \quad (2-3)$$

封隔器处所受压力：

$$\Delta P_{封隔器} = P_{泵压} + P_{油管内液柱} - P_{摩阻} - P_{套压} - P_{环空液柱} = 16.5\text{MPa} \quad (2-4)$$

②铣齿水力锚锚定力计算。

通过实验整理不同压差与铣齿锚定力对应关系见表 2-2-5：

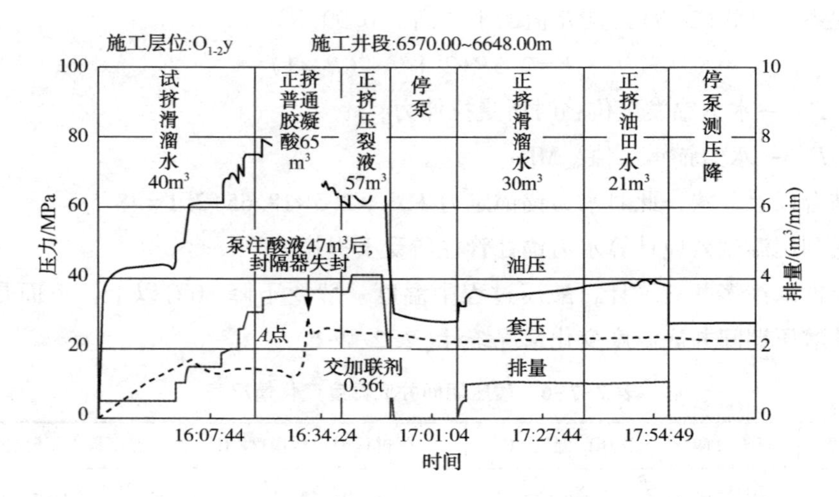

图 2-2-36　TS3-××井酸压施工曲线(第一次坐封)

表 2-2-5　铣齿水力锚相对套管发生位移时压力和拉伸力

压差/MPa	0	1	2	3	4	5	6	7	8	9	10	11	12
延时机拉力/t	0.1	5.3	6.9	10.1	12.1	14.6	16.6	19.8	21.5	25.5	27.1	30.0	36.4
锚定力/t		5.2	6.8	10.0	12.0	14.5	16.5	19.7	21.4	25.4	27.0	29.9	36.3

据表 2-2-5，拟合曲线如图 2-2-37 所示：

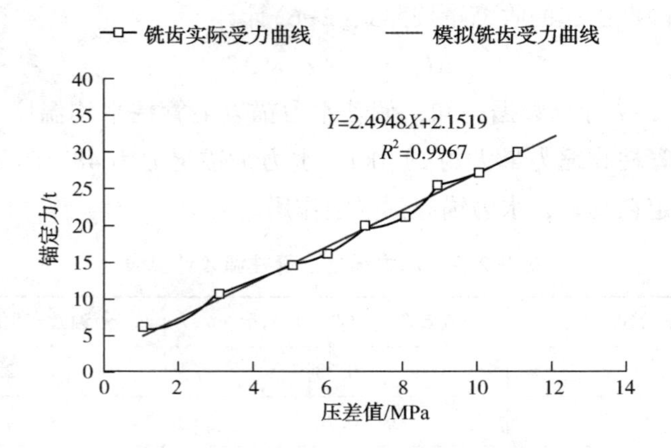

图 2-2-37　铣齿水力锚实际曲线关系与模拟曲线对比图

由表 2-2-5 和图 2-2-37 可以看出，铣齿水力锚的锚定力与水力锚承压值呈线性关系，见式(2-5)，且R值的平方高于0.99。

$$F=2.5P+2.1 \quad (P\geqslant 1) \tag{2-5}$$

式中 F——水力锚发生位移时所受拉伸力，t；

P——水力锚承压值，MPa。

结合以上公式，此时水力锚锚定力$F_{锚定}=2.5\times 18.65+2.1=48.5$t。

③利用温度效应计算水力锚处管柱所受上提拉力。

根据以往多井的统计，酸压过程中温度一般要下降80℃以上，下面是部分酸压井酸压期间井底温度变化情况统计(表2-2-6)。

表2-2-6 酸压期间井底温度变化情况表

井 号	施工日期	酸压前温度/℃	酸压过程中最低温度/℃	温度最大下降值/℃
TK4××	2005-6	123.47	37.23	86.24
TK6××	2005-10	123.95	36.58	87.37
S114-××	2005-10	132.33	51.07	81.26
YQ××	2007-7	151.40	69.88	81.52
XH××	2007-6	127.91	48.06	79.85
中××	2009-4	140.5	73.92	66.58
顺××	2009-8	119.23	51.16	68.07

管柱温度降低引起的收缩量按照式(2-6)计算：

$$\Delta L_{温}=L\times\sigma\times\Delta T \tag{2-6}$$

依据表2-2-7计算数据得知，倘若水力锚以上管柱平均温度下降50℃，此时温效产生的管柱收缩力最大为21.06t。水力锚锚定力为48.5t，说明酸压A点时水力锚能锚定在套管，水力锚起到锚定作用。

表2-2-7 水力锚之上管柱温效计算表

管柱平均下降温度/℃	温效造成的管柱收缩量/m	温效产生的收缩力/t
5	0.38	2.11
10	0.76	4.21
15	1.14	6.32
20	1.52	8.42

续表

管柱平均下降温度/℃	温效造成的管柱收缩量/m	温效产生的收缩力/t
25	1. 90	10. 53
30	2. 28	12. 64
35	2. 66	14. 74
40	3. 04	16. 85
45	3. 42	18. 95
50	3. 80	21. 06

④利用温度效应计算封隔器处管柱所受上提拉力。

同样，依据管柱温度降低引起的收缩量公式计算水力锚与封隔器之间管柱温效。

依据表 2-2-8 计算数据得知，倘若封隔器处管柱平均温度下降 50℃，此时由温效产生的管柱最大收缩量为 0. 14m，收缩力最大为 14. 70t。

表 2-2-8　水力锚与封隔器之间管柱温效计算表

管柱平均下降温度/℃	温效造成的管柱收缩量/m	温效产生的收缩力/t
5	0. 01	1. 47
10	0. 03	2. 94
15	0. 04	4. 41
20	0. 06	5. 88
25	0. 07	7. 35
30	0. 09	8. 82
35	0. 10	10. 29
40	0. 11	11. 76
45	0. 13	13. 23
50	0. 14	14. 70

(2)尝试丢手失败原因分析。

解封封隔器未成功后实施丢手期间均采用正循环，管柱最大过提 40t 未丢手(丢手销钉设置吨位 27t)，正循环可能使水力锚锚爪伸开，锚定在套管壁上，说明过提吨位未作用在丢手位置。

根据多次上提管柱数据，利用卡点公式计算管柱卡点位置，管柱上提悬重105t，管柱上行4.46m，计算卡点位置约6397m；管柱上提悬重108t，管柱上行5.9m；管柱上提悬重120t，管柱上行7.92m，计算卡点位置约6414m。根据卡点计算结果分析，卡点位置在水力锚附近。

起出的丢手接头外筒有严重磨损，磨损长度达15cm，深约2mm，根据磨损情况分析，由于有坚硬物在丢手接头外筒处造成管柱遇卡，从而导致丢手吨位高于设定吨位。通过检查起出水力锚，发现部分锚爪已被磨平。从另一方面佐证，在解封丢手管柱时水力锚锚爪锚定在套管壁上。后期反循环后活动管柱，成功解封封隔器以及丢手。

2)第二次坐封异常情况原因分析

造成酸压施工时封隔器坐封异常的原因是：

(1)酸压开始时提前将节流器击落。

第一次试坐封封隔器时，打开套管闸门，油压4.2MPa，套压0MPa。正替滑溜水，排量0.5m^3/min，泵入约2min，油压从4.2MPa逐渐升高至35MPa环空不返液，后油压从35MPa突降至17MPa(节流器击落压力为17.5MPa)，环空开始返液。环空返液后逐步提高排量至2.5m^3/min泵注，环空无断流现象，油套连通。重复试坐封3次环空均返液，坐封无效。酸压施工结束后投球击落节流器时无显示，如图2-2-38、图2-2-39所示。

图2-2-38　前期井内循环出的残留胶皮

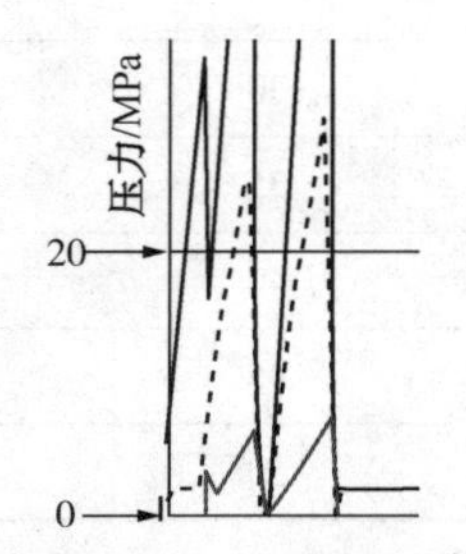

图2-2-39　酸压曲线局部图

(2)封隔器胶筒被提前损坏。

组下酸压完井管柱时，在套管内有遇阻2~3t的现象，前期井内有残留的钢带，封隔器胶皮可能被钢带损坏无法正常封隔地层。

3. 分析结论

(1)结合录井、测井及成像测井曲线分析认为，封隔器坐封位置井径较规则，如图 2-2-40、图 2-2-41 所示，岩性致密，未见明显纵向裂缝，但不排除储层窜层的可能。

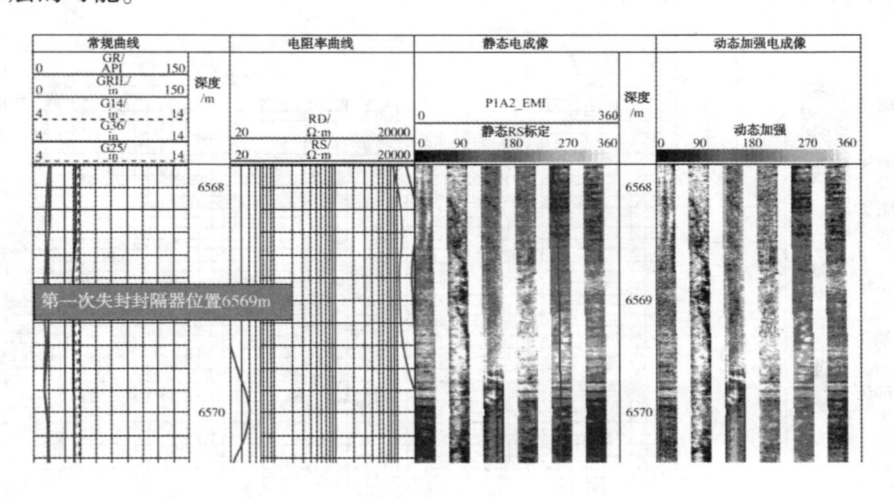

图 2-2-40　坐封位置测井曲线(第一次坐封)

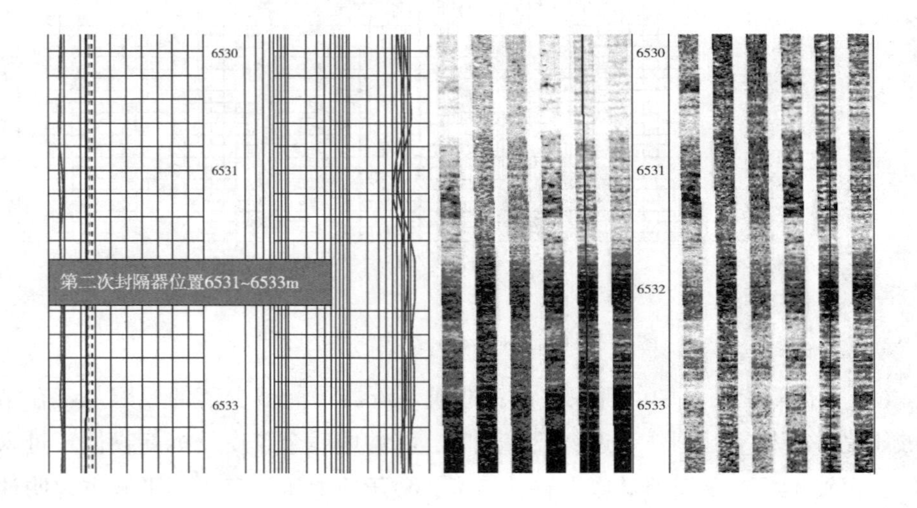

图 2-2-41　坐封位置测井曲线(第二次坐封)

(2)封隔器坐封中胶位置6568.25m，该井为评价中深层异常体及其产能，封隔器之上Ⅱ类储层5层，Ⅲ类储层8层，酸压试挤滑溜水40m³时，Ⅰ段过程环空打平衡压时，缓慢起压，Ⅱ段过程停止补压，在环空液体向地层渗透与酸压过程冷液进入的影响下，套压降低，Ⅲ段过程继续补压。整个环空打平衡压过程累计泵入3.5m³，泵注普通胶凝酸47m³时套压突然增高，显示封隔器失封，油套连通，如图2-2-42、图2-2-43所示。

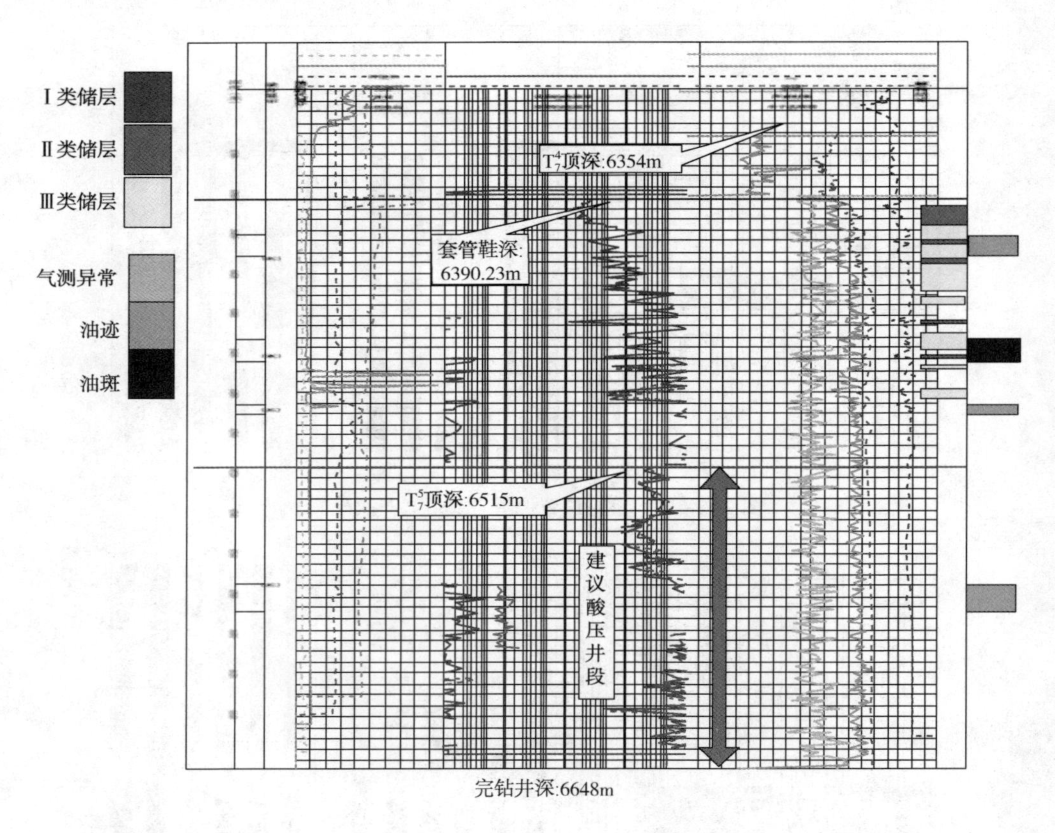

图2-2-42　TS3-××井综合测井曲线图

(3)根据以上施工中的现象分析，造成节流器提前被击落的原因是：在第二次酸压完井管柱下钻到位后进行反替浆时，将井内残余胶皮及沉淀物循环进入油管内，沉淀堆积在节流器球座上将其堵塞，酸压前油压、套压不平衡也说明油管内有堵塞。

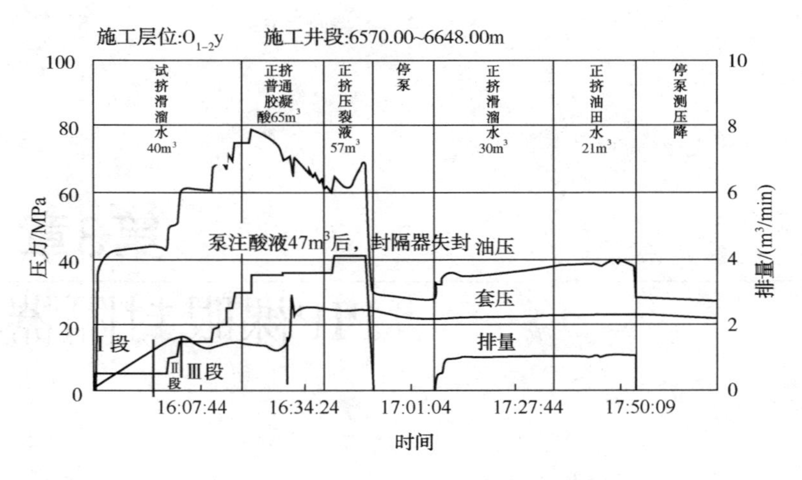

图 2-2-43　TS3-××井酸压曲线分段图

4. 对策及建议

(1) 本井地层岩性致密，酸压井段之上储层性质较好(Ⅱ类储层 5 层，Ⅲ类储层 8 层)，试挤滑溜水，酸压过程中环空补平衡压以及泵注胶凝酸时，封隔器上下储层串通，导致油套连通。

(2) 对于管柱带水力锚的井，解封封隔器期间宜采取反循环洗井，排除水力锚在正循环期间锚爪伸开的情况。

(3) 若后期进行测压作业，通井过程中重点对节流器部位进行探底，验证节流器是否被击落。

(4) 建议在井筒内留存有残留杂物时，在完井管柱中底带打孔油管。

(5) 酸压前，如果在有油压无套压的情况下，应先进行反冲洗，将节流器处沉淀物冲散后再进行酸压施工。

(6) 充分处理好井筒，为封隔器下入创造一个良好的条件。

(7) 为防止井筒内异物进入管柱内堵塞管柱，导致封隔器不能正常坐封，建议节流器加装阻挡异物装置。

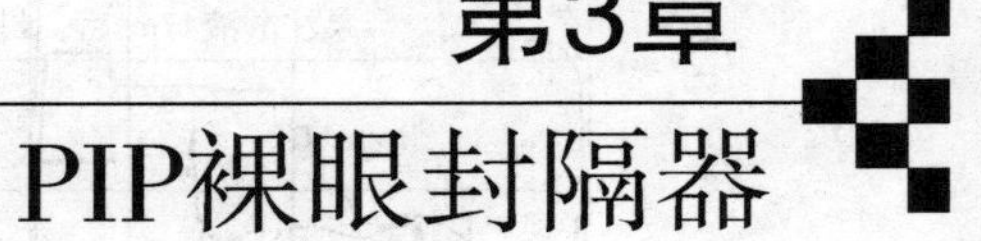

第3章 PIP裸眼封隔器

3.1 封隔器简介

PIP(Production Injection Packer)裸眼封隔器是一款进口扩张式裸眼封隔器，工具外径有4.63in、5in、5.38in三种，分别适用于120~158mm、130~160mm、140~170mm裸眼井径，工作压力45MPa，工作温度149℃，通过投球打压坐封、上提管柱解封的扩张式裸眼封隔器。在塔河油田主要应用于奥陶系碳酸盐岩裸眼井分段酸化压裂，2008~2017年各种作业已累计使用71井次，综合成功率77.46%。PIP裸眼封隔器结构如图3-1-1、图3-1-2所示，性能参数见表3-1-1。

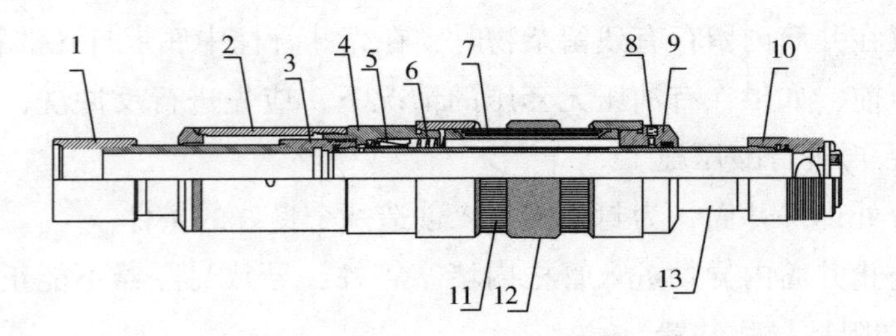

图3-1-1 PIP裸眼封隔器结构图(丝扣脱手)

1—上接头；2—伸缩腔；3—丝扣脱手节箍；4—丝扣脱手短节；5—单流阀；6—弹簧；7—内胶筒；8—泄压孔；9—密封短节；10—球座；11—钢带；12—外胶筒；13—芯轴

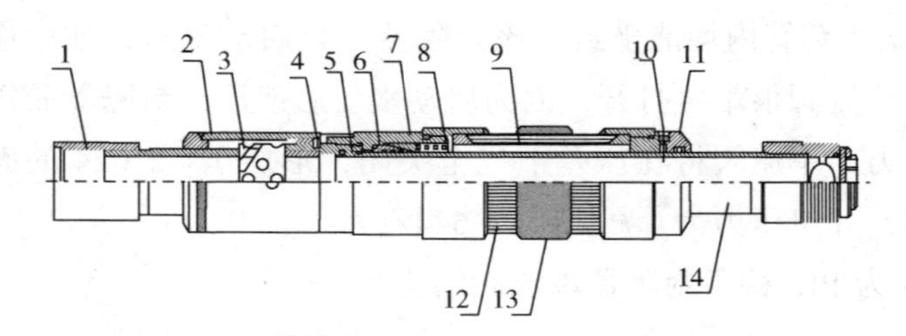

图 3-1-2 PIP 裸眼封隔器结构图(带解封销钉)

1—上接头；2—伸缩腔；3—滑动减震器；4—解封销钉；5—丝扣脱手节箍；
6—单流阀；7—丝扣脱手短节；8—弹簧；9—内胶筒；10—泄压孔；
11—密封短节；12—钢带；13—外胶筒；14—芯轴

表 3-1-1 PIP 裸眼封隔器性能参数表

规 格	最大外径/mm	通径/mm	总长/mm	工作温度/℃	工作压力/MPa	胶筒长度/mm	抗拉强度/t	适应井径/mm
4. 63inPIP	118	60	3280	149	45	1440	60	120~158
5inPIP	127	60	3280	149	45	1440	60	130~160
5. 38inPIP	137	60	3280	149	45	1440	60	140~170

3. 1. 1 坐封原理

投球、打压，压力通过主心轴上传压孔传到单流阀，压力达到单流阀打开值，单流阀打开，压力传入芯轴与内胶筒之间，撑开钢带、外胶筒，完成坐封，单流阀保持芯轴与内胶筒之间压力，封隔器保持坐封状态。

3. 1. 2 解封原理

上提 10t 或正转 6 圈，拉断丝扣脱手接头螺纹或倒扣，再上提管柱，使芯轴的泄流槽上移到密封部件处，泄掉芯轴与内胶筒之间压力，胶筒回缩，实现解封。

3. 1. 3 结构特点

(1)该封隔器可实现对裸眼井段的长期分段。

(2)解封机构有销钉和螺纹两种结构。

(3)在裸眼、套管内均能坐封。该封隔器一旦启动坐封，如中途泄压，再重新打压坐封，单流阀很难再打开，因为启动坐封后泄压，封隔器胶筒内的压力大于心轴内的压力，单流阀将在压差下完全关闭，形成1：2.624的面积差，要再次打开单流阀，井口压力为：$P_{井口打}=2.624\times(P_{井口停}+P_{液柱})$。

图3-1-3为PIP裸眼封隔器单流阀结构图。

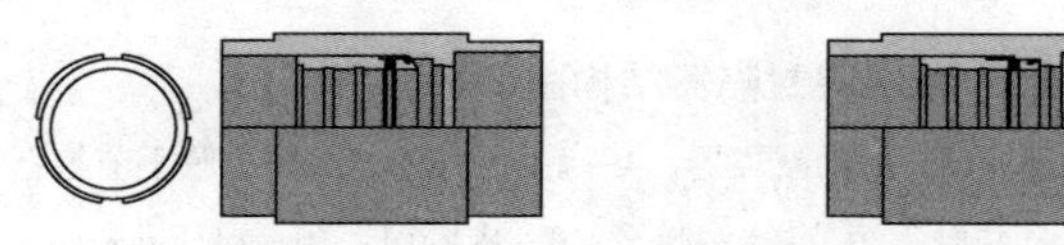

(a)单流阀入井状态　　(b)单流阀完全关闭状态(上下面积比2.624)

图3-1-3　PIP裸眼封隔器单流阀结构图

3.2　封隔器常见问题案例分析

PIP裸眼封隔器自使用以来，累计发生问题16井次，其数据统计见表3-2-1。

表3-2-1　PIP裸眼封隔器使用情况统计表

年　份	2008年	2009年	2010年	2011年	2012年	2013年	2014年	2015年	2016年	2017年	合计
使用数/套	23	13	9	22	1	3	0	0	0	0	71
失败数/套	2	4	1	9	0	0	0	0	0	0	16
成功率/%	91.30	69.23	88.89	59.10	100.00	100.00	—	—	—	—	77.46

3.2.1　封隔器坐封段井眼差典型案例分析

【案例】S73××井封隔器坐封失败

案例井S73××井于2011年3月对三叠系下油组井段5063.00~5105.00m完井测试，采用“丢手接头+刚性扶正器+4.63inPIP裸眼封隔器+刚性扶正器+球座+筛管+引鞋”完井管柱，第一次封隔器坐封位置5066.49m，第二次坐封位置

4842. 87m，坐封位置井温 112℃，井径 6in(152. 4mm)，该井 7in 套管回接至井口，其井身结构、第一次入井管串、第二次入井管串如图 3-2-1～图 3-2-3 所示。

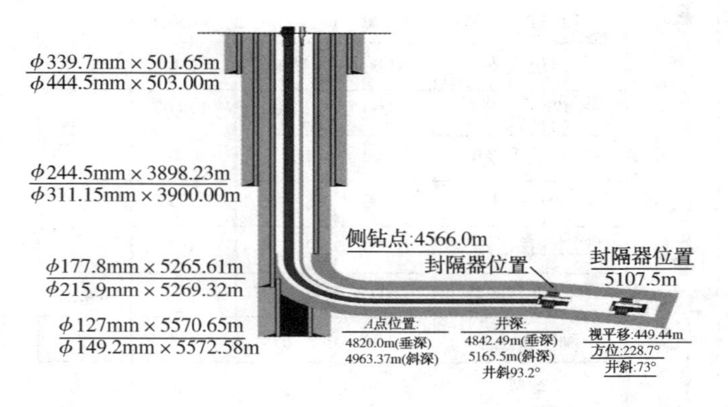

图 3-2-1　S73××井井身结构图

管柱	名称	内径/mm	外径/mm	总长度/m	下深/m
	油管挂	76.00	173.00	0.4	
	双公接头			0.81	
	2⅞in TP-JC斜坡油管	62.00	73.00	4625.43	
	定位短节	62.00	73.00	1.45	
	2⅞in EUE斜坡油管	62.00	73.00	428.14	
	安全丢手接头	60.00	127.00	0.49	
	刚性扶正器	60.00	136.00	0.29	
	4.63in PIP裸眼封隔器	60.00	118.00	3.28	5066.49
	刚性扶正器	60.00	136.00	0.29	
	球座	40.00	91.00	0.07	
	筛管	62.00	73.00	9.66	
	导向头	70.00	136.00	0.18	5078.08

图 3-2-2　S73××井第一次入井管串数据图

管柱	名称	内径/mm	外径/mm	总长度/m	下深/m
	油管挂	76.00	174.00	0.3	
	双公接头	62.00	95.00	0.26	
	2⅞in TP-JC油管	62.00	73.00	4630.2	
	定位短节	62.00	73.00	1.44	
	2⅞in EUE斜坡油管	62.00	73.00	199.67	
	安全丢手接头	60.00	127.00	0.49	
	坐落接头	48.00		0.2	
	刚性扶正器	60.00	136.00	0.3	
	5in PIP封隔器	60.00	127.00	2.01 1.27	4842.87
	刚性扶正器	60.00	136.00	0.3	
	球座	25.00		0.07	
	打孔油管	75.00	88.90	9.67	
	带导向引鞋		136.00	0.15	

图 3-2-3　S73××井第二次入井管串数据图

1. 施工异常简述

1)第一次施工

2011 年 3 月 17~19 日组下完井管柱，在多点多次遇阻、上提下放后通过，最大遇阻吨位 8t，遇阻情况见表 3-2-2。

表 3-2-2　遇阻情况表

遇阻井段(点)/m	井径/in	井斜度/(°)	狗腿度/[(°)/30m]	摩阻/t
4853	10	66.76	13.92	8
4952	7.8	84.74	7.37	8
4975	7.5	90.49	2.27	8
4987	7.5	89.51	3.65	8
5012	8.3	87.89	3.56	8
5046	9	87.14	0.58	8
5067	6.1	87.2	1.91	8

封隔器坐封异常：

19~21日下完井管柱完，封隔器中胶位置5066.49m，正注相对密度1.20的油田水泵送胶棒到位，泵压2~5MPa，排量0.2~0.3m^3/min；泄压至2MPa坐封封隔器，正打压至4MPa，排量0.1m^3/min，稳压10min，停泵观察压力不降，环空无返液；继续打压至6MPa，排量0.1m^3/min，停泵观察，压力缓慢降至0MPa，环空返出相对密度1.20的油田水0.1m^3；继续正注相对密度1.20的油田水0.1m^3，泵压6MPa，停泵观察压力缓慢降至0MPa，环空返出相对密度1.20的油田水0.1m^3；提高排量至0.15m^3/min继续正注，泵压0~8MPa，停泵观察2min，压力降至0MPa，环空持续返液；提高排量至0.2m^3/min，泵压0~10MPa，停泵观察2min，压力降至0MPa，环空持续返液；提高排量至0.6m^3/min，泵压0MPa升至24MPa下降至13MPa，显示球座被打掉。

起出工具检查情况：

3月26日起原井管柱完，检查PIP裸眼封隔器情况如下：

(1)根据封隔器卸压槽位置，可判断封隔器并无解封动作，如图3-2-4所示。

(2)封隔器外胶筒存在83cm长破裂口，裂口呈不规则断裂状，无横向断纹，可判断为外部胶筒崩裂，非井筒内尖状物体划破造成。外胶筒还存在4cm长破裂口，根据裂口处存在小凹槽，可判断此处破裂是由地层岩石划破造成，如图3-2-5~图3-2-7所示。

(3)封隔器内胶筒靠中上部位置存在6cm长破裂口，破裂处胶筒明显拉长变形。内胶筒破裂口与外胶筒破裂口位置具有对应性，如图3-2-8、图3-2-9所示。

图3-2-4　封隔器下部解封槽图

图3-2-5　外胶筒长裂口图

图 3-2-6　外胶筒断裂面图

图 3-2-7　外胶筒断裂口图

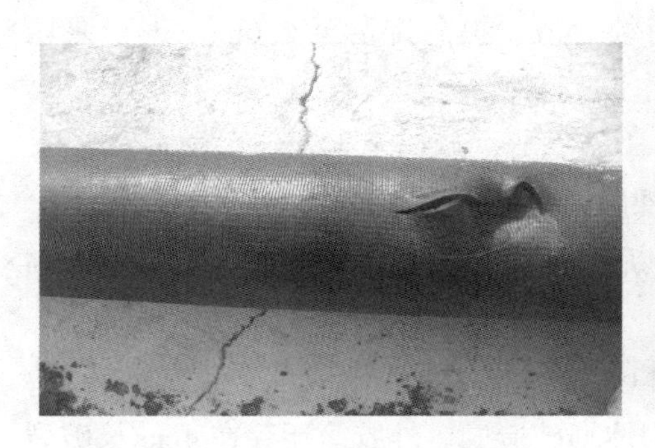

图 3-2-8　内胶筒破裂口图

图 3-2-9　外胶筒与内胶筒破裂口对比图

(4)外胶筒破裂口处钢带中部存在微向外突起现象，如图 3-2-10 所示。

图 3-2-10　破裂口处中部钢带变形图

2)第二次施工

通洗井：2011年4月15~18日组下通井管柱至井深4843.20m，遇阻7t，多次上提下放钻具，用相对密度1.20的泥浆正冲洗，加压5t通过，出口返出细砂0.2m^3；通井至4851m处遇阻10t，多次上提下放钻具，用相对密度1.20的泥浆正冲洗，出口返出细砂0.3m^3。4月18~28日短起下通井处理井筒至井深5092.02m，在4656.60m、4683.21m、5060.71m、5072.37m处遇阻，最大遇阻8t，多次上提下放钻具后通过。

测井：4月28~29日配合测井，组下测井仪器至井深4868m处遇阻3t，起出测井仪器，检查测井工具底部胶皮落井，胶皮大小ϕ89mm×150mm，井径曲线如图3-2-11所示；4月30日~5月8日两次组下通井管柱至井深5092m，摩阻3~5t，第一次电测对接不成功；第二次测井，组下测井仪器至井深5041m处，仪器没信号。

通井：5月11~14日组下底带直径149.2mm钻头的通井管柱至井深5092m，期间在4818m、4845m两点遇阻2~3t，活动3次通过，详细见表3-2-3。

表3-2-3 S73××井通井遇阻点数据表

遇阻井段/点/m	井径/in	井斜度/(°)	狗腿度/[(°)/30m]	摩阻/t
4818	9.967	53.87	6.85	23T
4845	11.101	62.3	12.14	23T

14~17日模拟通井至井深4867m，摩阻3~5t。17~20日组下完井管柱，校深、调整管柱，封隔器中胶4843m，井径曲线如图3-2-11所示。

坐封5inPIP裸眼封隔器异常：

20日14:00~17:00投胶棒、泵送、排量0.3~0.5m^3/min，泵压2~7.4MPa，共计泵入相对密度1.20的盐水42m^3。21:00~21:10继续泵入，排量0.3~0.5m^3/min，泵压7.6~9.4MPa。22:15~22:30排量0.5m^3/min，泵压由7.6MPa升至12MPa，停泵，压力缓慢降至0MPa，继续泵入，排量0.25m^3/min，泵压10MPa，停泵，压力缓慢降至0MPa，共泵入相对密度1.20的盐水15m^3。02:07~02:50用相对密度1.20的盐水正替，排量0.1m^3/min，泵压7.5MPa，共泵入4.5m^3。05:00~05:52用相对密度1.20的盐水正替，排量0.11~0.12m^3/min，泵压6.6~9.7MPa，共泵入5.5m^3。08:30~09:30用相对密度1.20的盐水正替，排量0.1m^3/min，泵压7MPa，共泵入6m^3。

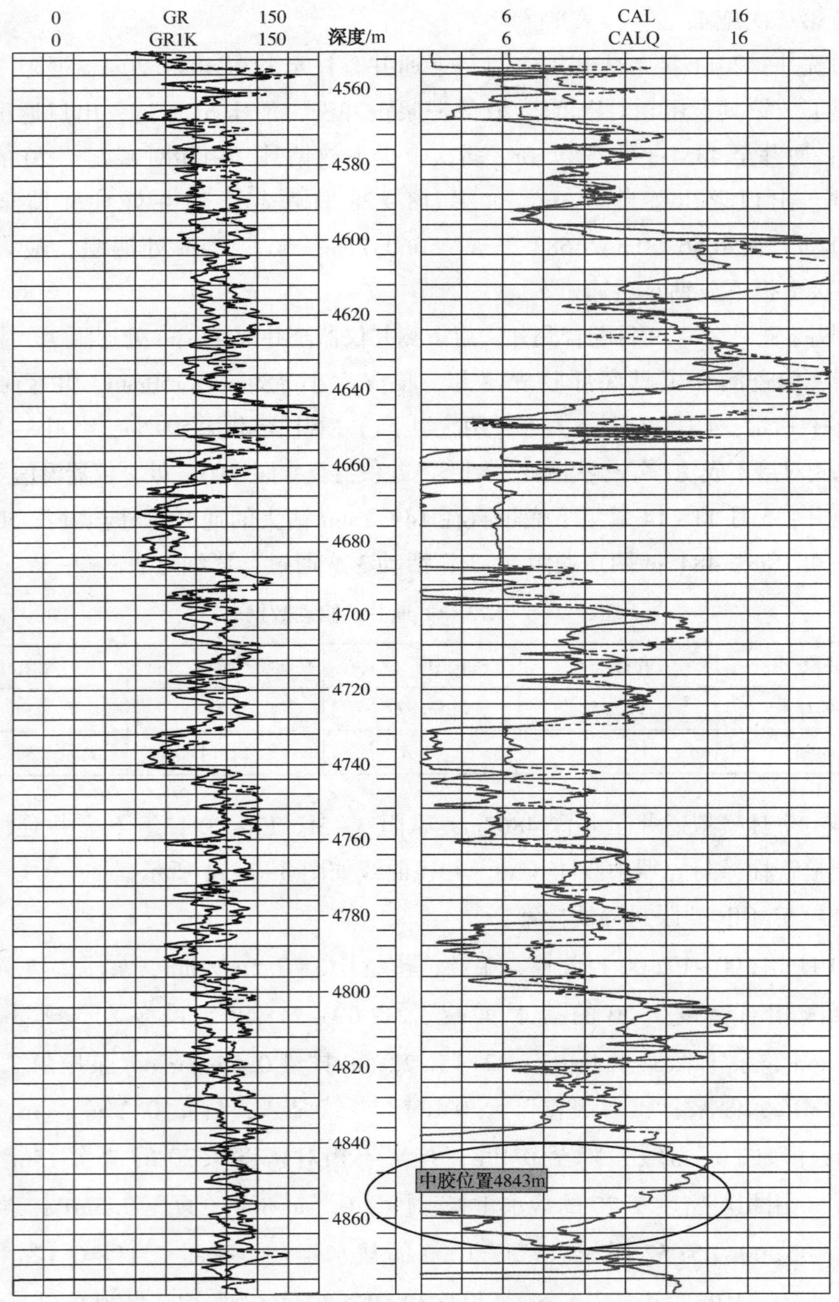

图 3-2-11　S73××井第一次井径与本次测井井径对比图

备注：CAL 本次测得井径，CALQ 前次测得井径。

21日17:30~19:00连接双泵车，19:00~19:22用相对密度1.20的盐水正替，排量0.1~0.16m^3/min，泵压7~12MPa，停泵，压力缓慢降至0MPa；19:22~19:36重新启泵，排量0.09~0.16m^3/min，泵压由5.2MPa升至11.8MPa后升至12.5MPa，当排量提至0.16m^3/min时，泵压由12.5MPa降至8.23MPa，19:36~19:48持续泵入，排量0.18~0.27m^3/min，泵压9~12MPa，停泵，泵压缓慢降至0MPa，19:48~19:54重新启泵，排量0.2~0.33m^3/min，泵压6.6~13.5MPa，停泵，压力缓慢降至0MPa，共计泵入相对密度1.20的盐水7.5m^3，返出相对密度1.20的盐水7.5m^3。20:01~20:11启动双泵车，逐步提高排量至0.56m^3/min，泵压由27.8MPa降至7MPa，20:11~20:12停泵观察，泵压由7MPa降至0MPa，套压0MPa，20:12~20:16持续泵入相对密度1.20的盐水2.2m^3，返出相对密度1.20的盐水2.2m^3，泵压7.4MPa，排量0.56m^3/min。20:16~21:00停泵观察，油压0MPa，套压0MPa，如图3-2-12所示。

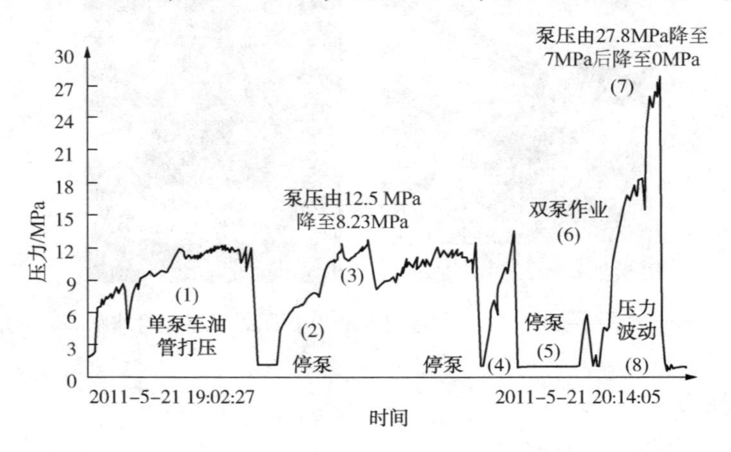

图3-2-12 S73××井5inPIP裸眼封隔器坐封压力监测图

封隔器检查情况：

5月22日用相对密度1.20的泥浆100m^3反替相对密度1.20的油田水；5月24日起原井管柱，原悬重38t，最大上提至50t，悬重缓慢下降至42t，提至4776m悬重降至38t。

经检查：

(1)距封隔器胶筒上端62cm处内胶筒、钢带、外胶筒相对应裂开，长32cm，宽3cm，如图3-2-13所示。

图 3-2-13　S73××井起出 5inPIP 裸眼封隔器

(2)坐封球座未打掉，胶棒在采油树右翼针阀处(起原井管柱前泥浆反替油田水造成)，如图 3-2-14 所示。

图 3-2-14　S73××井起出 5inPIP 裸眼封隔器坐封球座

2. 问题分析

1)第一次施工情况分析

根据本次实际施工情况说明：

(1)泵送胶棒，碰压 5MPa，说明本次坐封胶棒已入座密封。

(2)封隔器打压至 2MPa 和 4MPa 时压力不降，环空不返液，说明封隔器胶筒已坐封。

(3)打压至 6MPa 时，压力降至 0MPa，环空返液，说明封隔器胶筒在打压坐封过程中损坏。

(4)用井队泥浆泵打压至 24MPa 时，压力降至 13MPa，说明球座被打掉。

2)第一次封隔器坐封失败原因分析

(1)裸眼井段岩性为砂泥岩，井壁不稳定。该井为侧钻水平井，在井深5007~5166m 段，井斜由 89°降至 73°。本井前期通井作业施工 29d，下入钻头和外径 146mm 扶正器通井共 11 次，遇阻吨位 8~20t。在用钻头和外径 146mm 扶正器通井时，在裸眼井段反复短起下钻通井，裸眼井段通井次数约 50 次。下入外径 127mm 模拟通井工具通井 7 次，遇阻吨位 8~16t。反复通井会造成裸眼井段损伤，井壁不规则。坐封裸眼井段井径在完钻电测时约为 6~6. 3in，经过长时间通井，造成实际井径扩大(见图 3-2-15)。

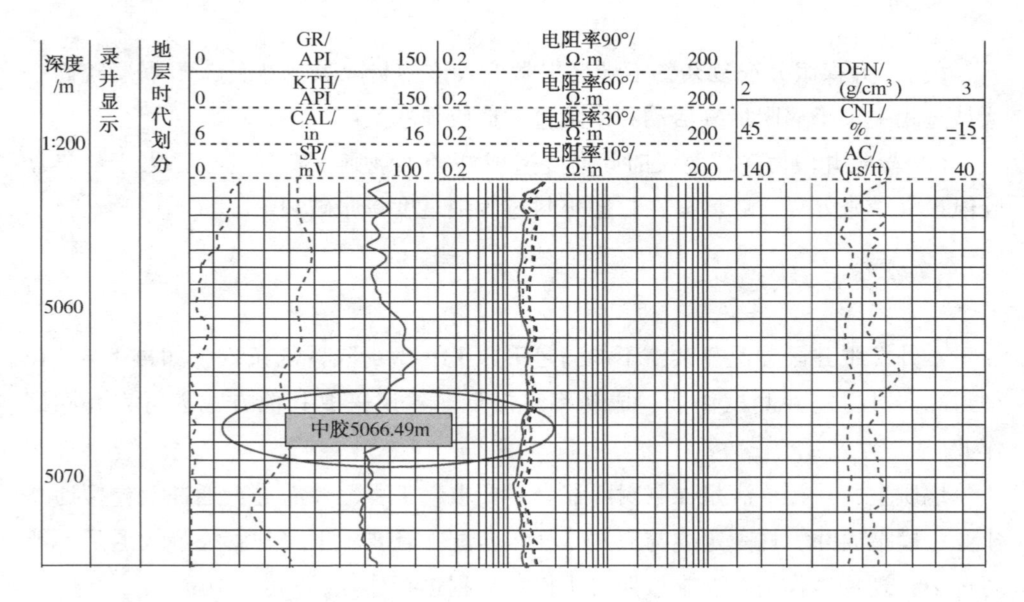

图 3-2-15　S73××井测井曲线图

(2)下入完井测试管柱过程中，有 10 处遇阻 8t，反复活动钻具后才通过，下钻至井深 4853m 后，摩阻为 5~7t。因此，遇阻或摩阻过大会使封隔器胶筒损坏。

3)第二次封隔器坐封失败原因分析

(1)排量 0. 16m³/min 时，泵压达到 12. 5MPa，达到封隔器坐封压力，但未能稳压。

(2)启动双泵车，逐步提高排量至 0. 56m³/min 时，10min 内泵压由 0MPa 升至27.8MPa突降至7MPa。持续泵入相对密度1.20的盐水2.2m^3，返出相对密度1.20的盐水2.2m^3，泵压7.4MPa，油套连通，封隔器坐封失败。

(3)前期多次处理井筒，且在井深4843.20m处遇阻7t，多次上提下放钻具，用相对密度1.20的泥浆正冲洗，泵压12MPa，排量0.5m^3/min，加压5t通过，出口返出细砂0.2m^3，表明此处井径有所扩大。

(4)本次封隔器坐封位置4843m，井斜角62°，前期测得井径10.016in，井径过大是造成5inPIP裸眼封隔器失封的主要原因。

3. 分析结论

(1)本井裸眼井况复杂，不满足正常下入该型封隔器的条件，封隔器胶筒在下钻过程中由于遇阻反复活动和摩阻过大造成损坏。

(2)裸眼井段由于反复长时间通井造成井径不规则，实际井径已大于封隔器胶筒最大膨胀外径，胶筒是在打压坐封过程中过度膨胀破裂。

4. 对策及建议

本井裸眼井段井况复杂，不能满足下入PIP型封隔器的条件，如再下入PIP型封隔器进行完井测试作业，成功率将极低。建议采取其他方式进行完井测试作业。

地质上，井径要满足裸眼封隔器坐封要求；工程上，需进行通井及模拟通井作业，模拟通井管柱一定要与完井管柱相匹配，且要求下完井管柱最大遇阻不能超过2t；现场操作上，要求按照技术操作规程进行作业。

3.2.2 封隔器质量问题典型案例分析

【案例1】TH103××井封隔器坐封失败

案例井TH103××井于2009年5月对奥陶系中统一间房组(O_2yj)6090m以下井段进行挤封作业，采用“丢手接头+坐落接头+5inPIP裸眼封隔器+接球器+筛管”完井管柱，7in套管井口直下。井身结构及入井管串如图3-2-16、图3-2-17所示。

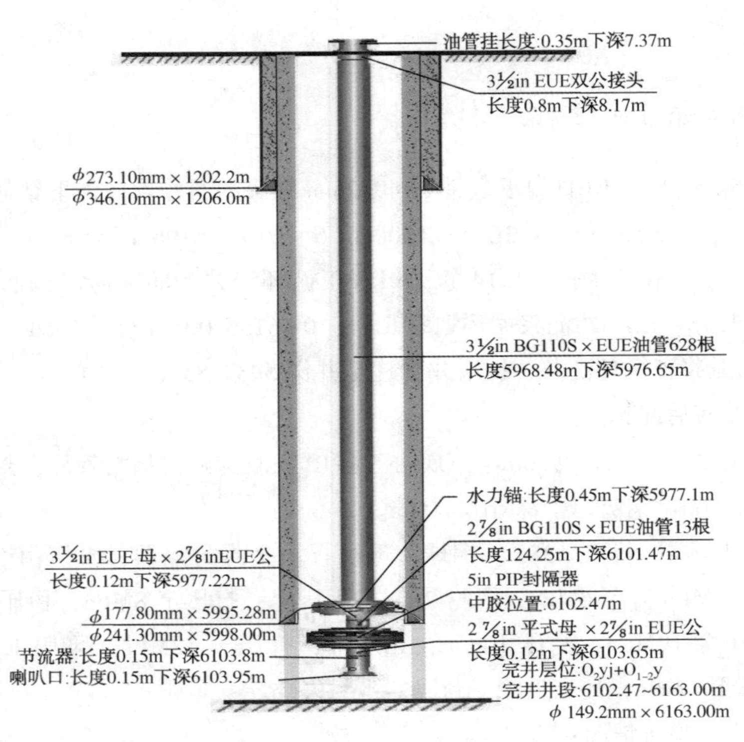

图 3-2-16　TH103××井井身结构图

管柱	名称	内径/mm	外径/mm	数量	总长度/m	下深/m
	油补距				3	3
	短钻杆	54.00	88.9	3	4.7	7.7
	钻杆	54.00	88.9	308	2939.7	2947.4
	变扣接头	55.00	127.00	1	0.4	2947.8
	油管	76.00	88.9	330	3139.27	6087.07
	变扣接头	60.00	114.00	1	0.12	6087.19
	丢手接头	60.00	127.00	1	0.5	6087.69
	坐落接头	43 .00	95.00	1	0.3	6087.99
	PIP裸眼封隔器	60.00	127.00	1	2.01/1.27	6090/6091.27
	变扣接头	60.00	95.00	1	0.11	6091.38
	接球器	30.00	95.00	1	0.07	6091.45
	筛管	76.00	88.90	1	9.62	6101.07
	油管	76.00	88.9	7	61.73	6162.8
	喇叭口	74.00	127.00	1	0.2	6163

图 3-2-17　TH103××井入井管串图

1. 施工异常简述

2009 年 5 月 1~10 日组下底带 ϕ149.2mm 钻头的通井管柱，下钻遇阻，遇阻位置从分别为 3000m（7 ~ 10t）、4000m（6 ~ 7t）、6106m（4t）、6116m（1t）、6116.1m(3t)，用相对密度 1.14 的油田水正循环洗井，环空返出稠油 58m^3，用相对密度 1.15~1.17 的泥浆循环划眼 6116.10~6136.00m 段，钻压 1t，用相对密度 1.15 的泥浆正循环洗井，提通井管柱至井深 5982.85m，候沉，加深通井管柱探得人工井底后起钻。

2009 年 5 月 22 日 12:00 组下底带 5inPIP 裸眼封隔器挤封管柱，封隔器中胶位置 6090.49m，喇叭口下深 6163.00m。

坐封封隔器：投入 ϕ38mm 钢球，逐级打压坐封封隔器，泵压由 0MPa 升至 2MPa 升至 4MPa 升至 6MPa，各稳 2min，无压降；打压至 8MPa，稳压 5min，无压降；打压至 10MPa，稳压 10min，无压降；打压至 12MPa，泵压 12MPa 降至 8MPa 再降至 0MPa，环空返液，封隔器坐封失败。

工具出井检查情况：

检查封隔器胶筒上部有一处横向裂口，长 10cm，宽 6cm，下部有一横裂口，长 6cm，封隔器外胶筒下部有一个明显孔洞，如图 3-2-18 所示。

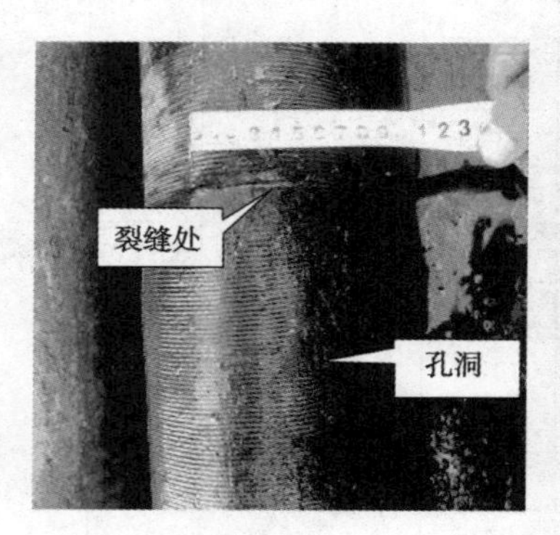

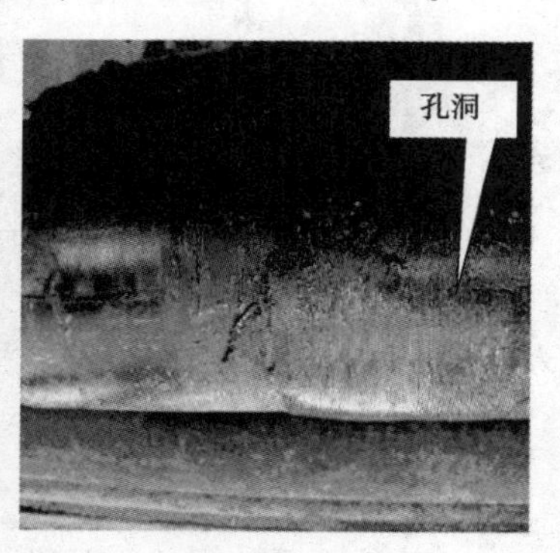

图 3-2-18　TH103××井提出封隔器实物图

2. 问题分析

该井封隔器坐封失败原因分析如下：

(1)封隔器胶筒破裂主要原因之一：封隔器坐封井段井径扩大，超出封隔器胶筒膨胀范围。该井段位置为奥陶系一间房组灰岩，从测井曲线上看，该井封隔器坐封井段裸眼井径 160mm(6. 3in)，井径规则，深电阻率、浅电阻率高，没有正负幅度差，岩性致密，5inPIP 裸眼封隔器适用井径(膨胀范围)127～168mm，而且该井坐封位置在设计范围内，如图 3-2-19 所示。

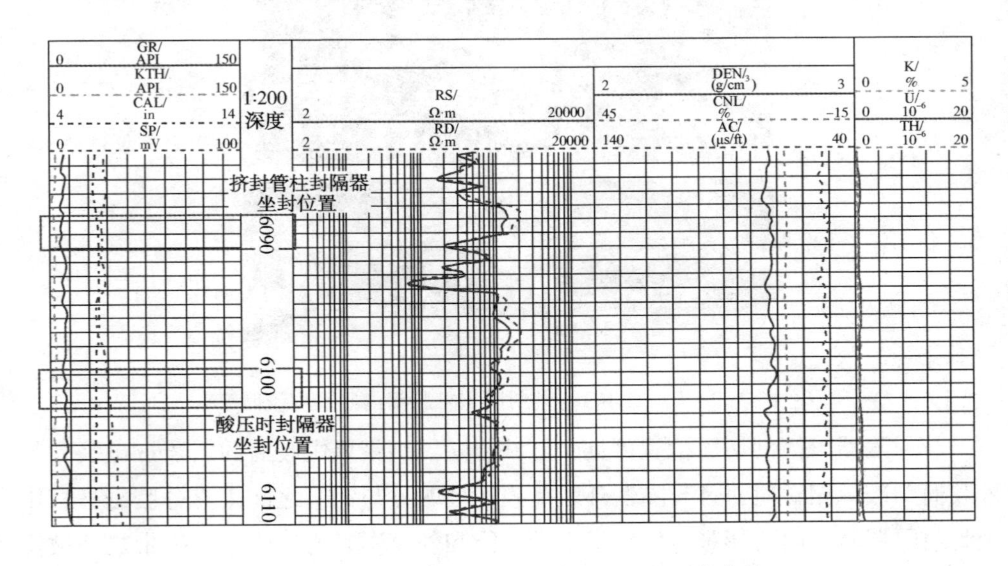

图 3-2-19　TH103××井封隔器坐封井段测井曲线

(2)封隔器胶筒破裂主要原因之二：打压坐封值超出胶筒抗内压极限。5inPIP 裸眼封隔器在 6. 3in 井眼内耐压差 45MPa，根据坐封、打球座过程分析，本次施工最高压差 12MPa(油管和环空均为相对密度 1. 14 的泥浆，无液柱压差；打球座时流体无流动，无摩阻)，因此可排除压力超出胶筒抗内压极限而导致胶筒破裂。

(3)封隔器胶筒破裂主要原因之三：坐封井段地层温度高。根据地温梯度 2. 2℃/100m，计算该井封隔器坐封位置温度为 133. 98℃；而该封隔器的正常工作温度 149℃，因此可排除由于坐封井段温度过高造成封隔器胶筒损坏。

(4)封隔器胶筒破裂主要原因之四：封隔器胶筒质量不合格。根据封隔器剖切检查结果，认为封隔器质量问题是造成此次封隔器坐封失败的主要原因，如图 3-2-20所示。

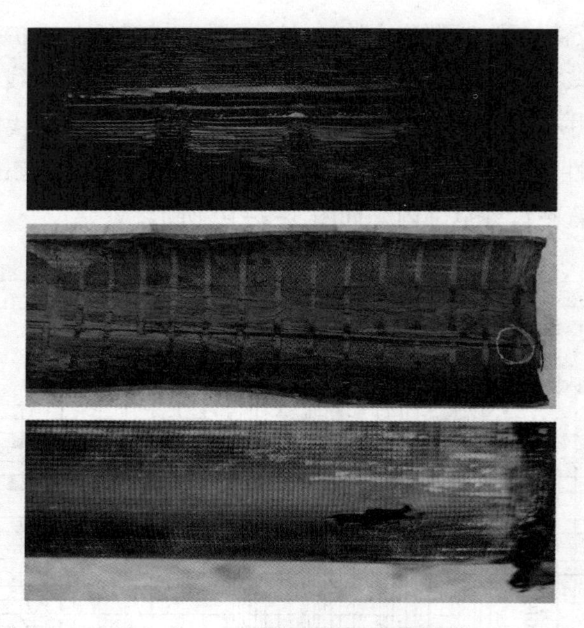

图 3-2-20　TH103××井封隔器外胶筒内侧及内胶筒

将封隔器胶筒剖切后检查可见，该井封隔器钢带里内胶筒的 1.8cm 破裂处与外胶筒的破口相对应，且封隔器外胶筒损坏处明显与钢带之间未充分胶结，打压坐封封隔器时，内筒膨胀，但由于钢带未能和外筒同时均匀膨胀，钢带之间被拉开形成较大间隙，失去对内胶筒的保护作用，此时封隔器已达到最佳坐封压力（12MPa），外筒和地层充分接触，外筒和内筒被坐封段井壁损坏，最终直接造成封隔器坐封失败。

3. 分析结论

封隔器质量原因是造成本井封隔器失封的主要原因。

4. 对策及建议

（1）停用同一批次、同一型号的封隔器，工具服务方反馈给厂家进行质量追溯。

（2）工具服务方对同一批次、同一型号的封隔器抽样进行地面试验，严格把关封隔器质量，杜绝不合格工具入井。

【案例 2】TK7××井封隔器坐封失败

案例井 TK7××井于 2011 年 11 月对奥陶系鹰山组($O_{1-2}y$)井段 5614. 31 ~ 5685. 00m 进行酸压完井。采用“气举阀+7in 水力锚+5inPIP 裸眼封隔器”完井管柱，该井 7in 套管未回接至井口，悬挂器位置 3895. 63m。井身结构及入井管串如图 3-2-21、图 3-2-22 所示。

图 3-2-21　TK7××井井身结构图

1. 施工异常简述

2011 年 11 月 1 日组下底带 5inPIP 裸眼封隔器的酸压管柱，水力锚下深 5504. 56m，封隔器下深 5611. 62m，球座下深 5621. 31m。

11 月 1 日 12:00 投直径 φ38mm 钢球，12:40 起泵泵送钢球，相对密度 1. 15 的油田水泵入量 $1m^3$，未起压且环空返液，停泵继续候球入座，13:30 泵注相对密度 1. 15 的油田水，泵压升至 4MPa，环空返液，停泵后泵压下降至 0MPa。继续打压，无泵压且环空返液。17:00 再次投直径 45mm 的钢球，候球入座，18:00正注相对密度 1. 15 的油田水，泵压 0MPa，排量 0. 1 ~ 0. 45m^3/min，累计注入相对密度 1. 15 的油田水 $25m^3$，环空返液 $25m^3$，证明油套连通，封隔器坐封失败。

管柱	名称	内径/mm	外径/mm	上扣扣型	下扣扣型	数量	总长度/m	下深/m
	油补距						7.9	7.9
	油管挂	76.00	275.00	3½inEUE	3½inEUE	1	0.15	8.05
	双公接头	76.00	88.90	3½inEUE	2⅞inTP-JC	1	0.25	8.30
	油管	76.00	88.9	3½inTP-JC	3½inTP-JC	135	1191.69	1199.00
	变扣接头	62.00	88.9	3½inEUE	3½inTP-JC	1	0.41	1200.40
	气举阀	76.00	146.00	3½inTP-JC	3½inTP-JC	1	0.58	1200.98
	变扣接头	62.00	88.90	3½inTP-JC	3½inEUE	1	0.41	1201.39
	油管	76.00	88.9	3½inTP-JC	3½inTP-JC	487	4307.01	5503.40
	变扣接头	62.00	95.00	3½inTP-JC	2⅞inEUE	1	0.37	5503.77
	水力锚	62.00	146.00	2⅞inEUE	2⅞inEUE	1	0.40	5504.56
	油管	62.00	73.00	2⅞inEUE	2⅞inEUE	11	103.84	5609.61
	PIP裸眼封隔器	57.00	128	2⅞inEUEB	2⅞inEUEP	1	2.01	5611.62
	油管	62.00	73.00	2⅞inEUE	2⅞inEUE	1	0.47	5621.02
	节流器	35.00	95.00	2⅞inEUEB	2⅞inEUEP	1	0.16	5621.18
	喇叭口	72.00	76.00	2⅞inEUEB		1	0.13	5621.31

图 3-2-22　TK7××井入井管串图

工具出井检查情况：

1）封隔器切割前检查情况

（1）气举阀和封隔器上部水力锚状态正常。

（2）封隔器无坐封和解封动作迹象。

（3）封隔器中部存在590mm长裂口，见钢带，裂口上端部以上150mm有微凹进现象（见图3-2-23）。

（4）整个外胶筒均无磨平痕迹（胶筒表面纹理正常连续），但有一处凹陷和一处剐蹭，相对面积较小，如图3-2-24所示。

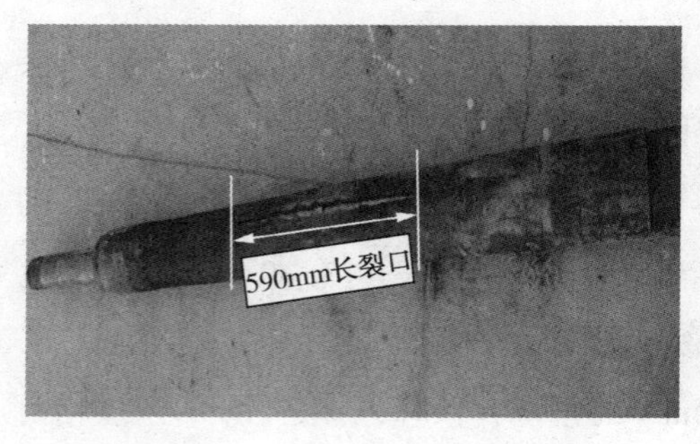

图 3-2-23　TK7××井裸眼封隔器胶筒外观图

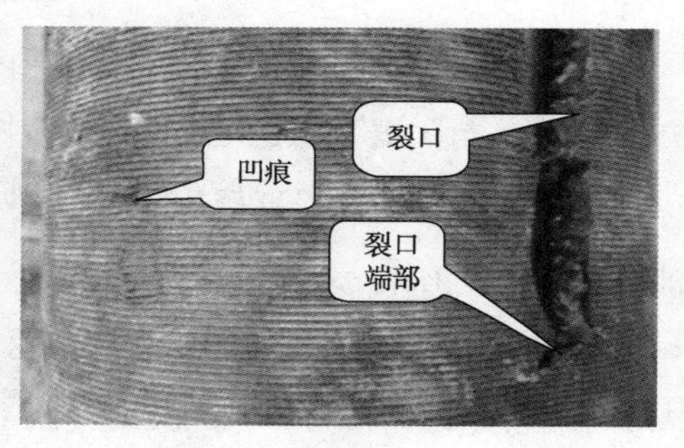

图 3-2-24　TK7××井裸眼封隔器胶筒裂缝细节图

(5)坐封球座未打掉，投入两球均在球座上，出井后球座水密封性正常，如图 3-2-25 所示。

2)封隔器切割后检查情况

(1)内胶筒存在长约 10cm 的破裂带，裂口上下错开，一边呈鼓胀状，另一边呈压扁状，内胶筒裂口与外胶筒下端裂口相对应，如图 3-2-26 所示。

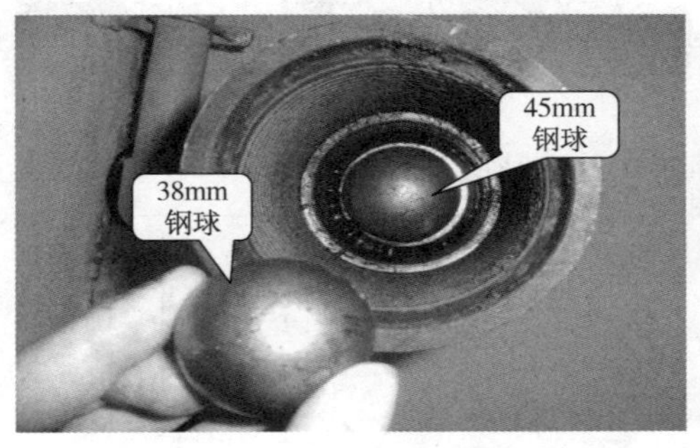

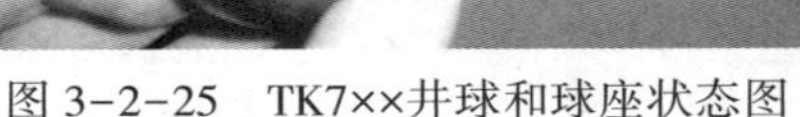
图 3-2-25　TK7××井球和球座状态图

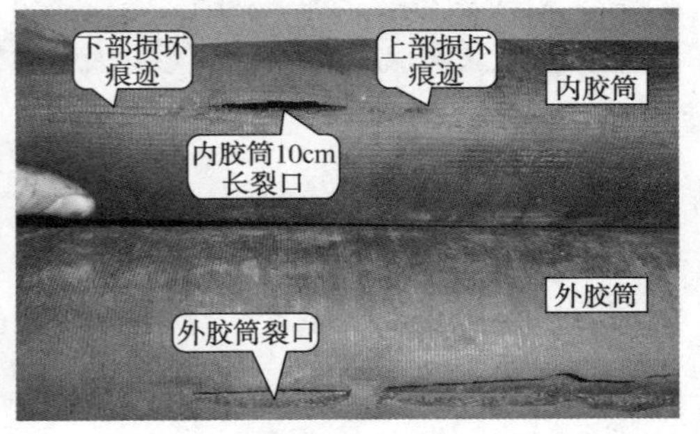

图 3-2-26　TK7××井内、外胶筒对比图

(2)外胶筒破裂口中部对应钢带有一处弯曲变形，如图 3-2-27 所示。

(3)破裂口处上、下两片钢带均存在多条垂向划痕，上、下钢带划痕不对应，如图 3-2-28 所示。

图 3-2-27　TK7××井胶筒钢带细节图

2. 问题分析

(1)根据综合测井曲线分析，本次封隔器坐封位置井径为 6. 2in，其他测井参数均异常。5inPIP 裸眼封隔器满足最大坐封井径为 6. 6in，满足本次坐封要求，如图 3-2-29 所示。

(a)上部钢带划痕

(b)下部钢带划痕

图 3-2-28　TK7××井胶筒破裂口钢带划痕对比图

深度/m
1:200
录井显示
地层时代划分
0 GR/API 150
0 KTH/API 150
4 CAL/in 14
0 SP/mV 100
2 RS/Ω·m 20000
2 RD/Ω·m 20000
0 PE 10
2 DEN/(g/cm³) 3
45 CNL/% −15
140 AC/(μs/ft) 40
0 K/% 5
0 U/10^{-6} 20
0 TH/10^{-6} 20
解释结论
5610
PIP封隔器 5611.62m
K344封隔器 5614.31m
5620

图 3-2-29　TK7××井综合测井曲线

(2)本井 7in 套管固井质量图显示固井质量非常差，下入 K-1 桥塞，上部射孔进行挤水泥作业，射孔位置 5401m。射孔补挤水泥后，7in 套管固井质量较好。前期施工作业对本次封隔器无影响。

(3)本次封隔器坐封过程中泵压最高 4MPa，内胶筒裂口无明显拉长变形现象，与泵压值较低为 4MPa 相符合；破裂口边缘呈平滑状，可判断外胶筒此处破裂口并非外物扎压造成，因此排除异物造成封隔器内胶筒产生破裂口的因素。

(4)根据封隔器外胶筒表面无摩擦变平和划线现象，纹理清晰，证明封隔器入井过程中并未与井壁产生损伤性的摩擦接触，从外胶筒最上部破裂口及其周边凹痕可以看出，封隔器在坐封过程中与井壁接触产生破损，裂口端部呈不规则裂口是由于胶筒膨胀造成。

(5)本次封隔器坐封失败是由于外胶筒受井筒条件发生损坏，内胶筒受力不均，在打压过程中破裂，外胶筒裂口逐渐拉长。

3. 分析结论

封隔器质量问题是造成本井封隔器失封的主要原因。

4. 对策及建议

(1)根据胶筒的使用环境及特点，购买或研制特殊胶筒，其性能指标可以提高胶筒的抗破坏性能和耐压差性能，满足油田大部分裸眼完井的要求。

(2)停用同一批次、同一型号的封隔器，工具服务方反馈给厂家进行质量追溯，分析是加工问题，还是存在设计缺陷。

(3)工具保养后需仔细装配，2人或2人以上人员核实各个部件性能正常，并填写好详细的保养检查记录，严格把关封隔器质量，杜绝不合格工具入井。

【案例3】TK8××井封隔器坐封失败

案例井TK8××井于2011年11月对奥陶系中下统一间房组、鹰山组(O_2yj+$O_{1-2}y$)5590.0~5660.0m井段进行酸压完井，第一趟采用“气举阀+7in水力锚+5inPIP裸眼封隔器”完井管柱，封隔器位置5584.53m，坐封失败；第二趟采用“气举阀+7in水力锚+K344裸眼封隔器”完井管柱，封隔器位置5583.71m，施工成功。该井7in套管未回接，悬挂器位置3793.11~3796.05m。井身结构及入井管串如图3-2-30~图3-2-32所示。

1. 施工异常简述

2011年11月17日组下带5inPIP裸眼封隔器的完井管柱到坐封位置，5inPIP裸眼封隔器中胶位置5584.53m。

第一趟管柱坐封异常情况：11月19日20:30投直径36mm的钢球入座，连接管线并试压合格。21:00油管打压4 MPa，稳压2min，压力不降，环空不返液，继续打压至6MPa压力突降至0MPa，环空返液，正注相对密度1.13的油田水0.3m^3，环空返液，起钻。

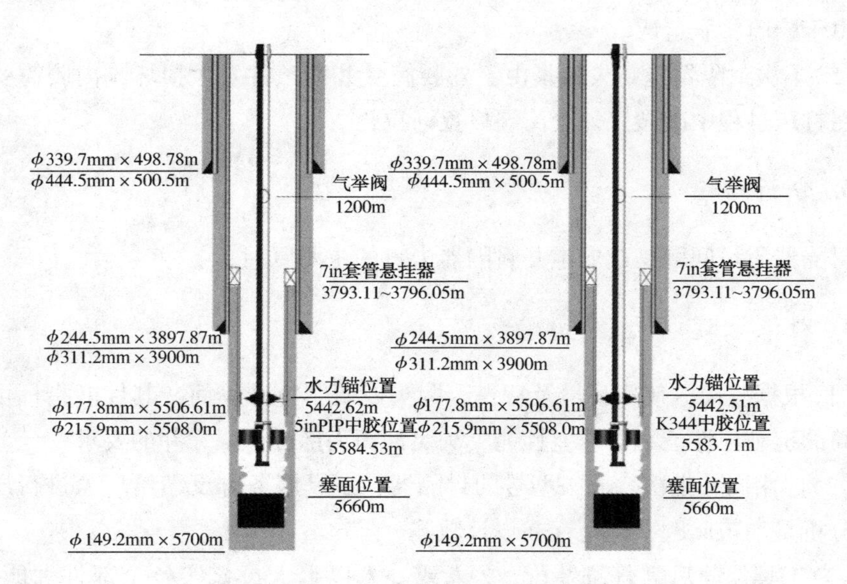

图 3-2-30　TK8××井井身结构图

管柱	名称	内径/mm	外径/mm	总长度/m	下深/m	备注
	油补距			6.5	6.5	
	油管挂	76.00	175.00	0.35	6.85	
	变扣接头	76.00	88.9	0.18	7.03	
	油管	76.00	88.9	1186.85	1193.88	
	变扣接头	76.00	88.9	0.48	1194.36	
	气举阀	76.00	146.00	0.61	1194.97	
	变扣接头	76.00	88.9	0.45	1195.42	
	油管	76.00	88.9	4244	5439.42	
	变扣接头	76.00	88.9	0.4	5439.82	
	油管	62	73	9.2	5449.02	
	水力锚	62.00	145.00	0.4	5449.42	
	油管	62	73	133.2	5582.62	
	PIP裸眼封隔器	60.00	127.00	3.3	5585.92	
	油管	62	73	9.01	5594.93	
	球座	21.8	95	0.07	5595	
	管鞋	73.00	91.00	0.18	5595.18	

图 3-2-31　TK8××井 PIP 裸眼封隔器入井管串图

管柱	名称	内径/mm	外径/mm	总长度/m	下深/m	备注
	油补距			6.5	6.5	
	油管挂	80.00	277.00	0.26	6.76	
	变扣接头	76.00	88.90	0.31	7.07	
	油管	76.00	88.90	1196.15	1203.22	
	变扣接头	76.00	88.90	0.48	1203.7	
	气举阀	76.00	145.00	0.61	1204.31	
	变扣接头	76.00	88.90	0.45	1204.76	
	油管	76.00	88.90	4227.75	5432.51	
	变扣接头	62.00	88.9	0.4	5432.91	
	油管	62.00	73.00	9.2	5442.11	
	水力锚	61.00	146.00	0.4	5442.51	
	油管	62	73	139.9	5582.41	
	扶正器	62.00	142.00	0.25	5582.66	
	K344裸眼封隔器	60.00	138.00	2.29	5584.95	
	扶正器	62.00	142.00	0.25	5585.2	
	油管	62	73	9.01	5594.21	
	节流器	35.00	94.00	0.16	5594.37	
	喇叭口	73.00	91.00	0.13	5594.5	

图 3-2-32　TK8××井 K344 封隔器入井管串图

第二趟管柱坐封正常：11 月 23 日组下“气举阀+7in 水力锚+K344 裸眼封隔器”完井完柱，封隔器坐封位置 5583.71m，对层位 O_2yj + $O_{1-2}y$：5590.00～5660.00m 井段酸压完井，最高泵压 84MPa，最大排量 6.4m^3/min，注入井筒总液量 630m^3，挤入地层总液量 630m^3。

2. 问题分析

1）PIP 封隔器起出检查情况

（1）气举阀和封隔器上部水力锚正常。

（2）封隔器无坐封和解封动作迹象。出井后，胶筒明显受损变形，中部可见整体凹陷挤压痕迹（见图 3-2-33）。

胶筒接近硫化接头部分有不同开口，胶筒下部有一轴向开口（45mm×5mm）。

工具上部接近胶筒硫化头部位有一长约 18mm 宽 3mm 的开口，开口呈轴向裂开，可见内部钢带，如图 3-2-34 所示。

图 3-2-33　起出封隔器本体

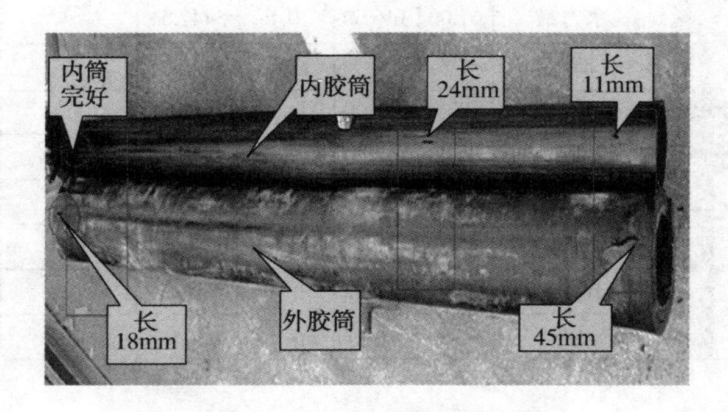

图 3-2-34　封隔器胶筒破损情况

切割后，将内胶筒抽出与外胶筒开口处做对应性比较，发现外胶筒下部开口较大处内胶筒对应部位也有一开口，并发现同轴对应的内胶筒中部有一长 11mm 的小洞，上部外部开口处内胶筒对应部位完好。

检查切割胶筒硫化头部位切口，发现对应外胶筒开口部位钢带明显向内部变形，钢带硫化连接被破坏。检查切割胶筒硫化头部位切口，发现对应外胶筒开口部位钢带明显向内部变形，钢带硫化连接被破坏。

轴向破拆外胶筒检查胶筒开口部位与之对应处钢带连接情况，发现对应处钢带整体都被纵向拉开，中部最大被拉开处已可见外胶筒橡胶部分，如图 3-2-35 所示。

2）封隔器坐封位置井径情况

本井裸眼段封隔器坐封位置综合测井曲线，如图 3-2-36 所示。

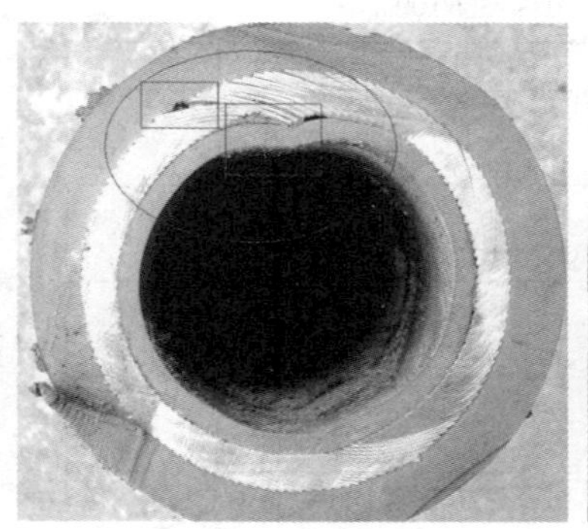

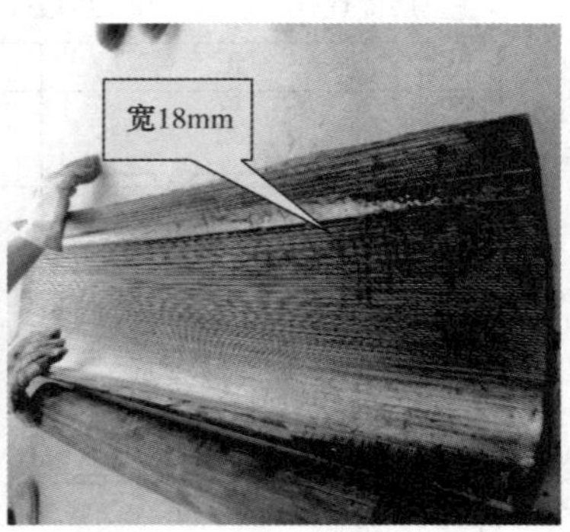

图 3-2-35　切割后图片

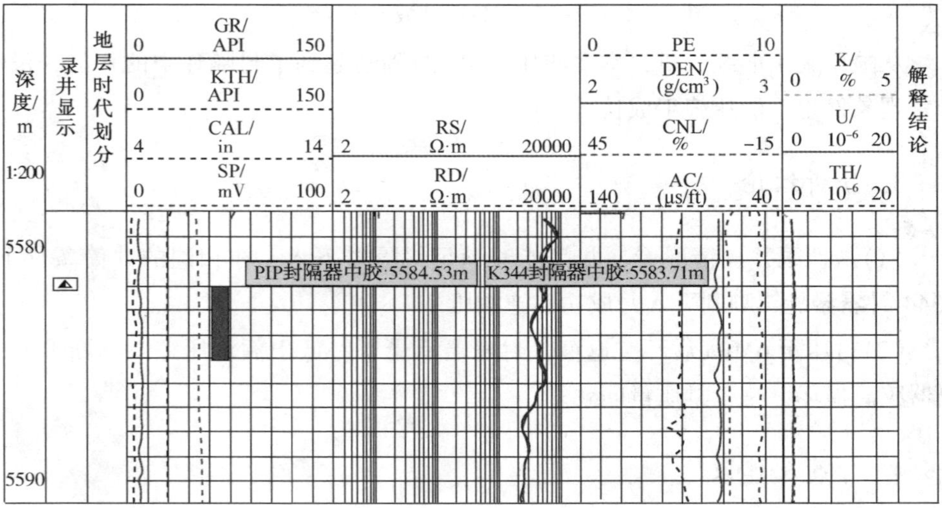

图 3-2-36　TK8××井综合测井曲线图

根据综合测井曲线，5inPIP 封隔器坐封位置井径为 6. 6in，裸眼井段无缩径，满足封隔器坐封要求。封隔器坐封井段岩性为：灰色、黄灰色泥微晶灰岩。

3)第二趟管柱酸压施工情况

2011 年 12 月 1 日酸压施工注入 630m^3 酸液，最大泵压 84MPa，最大套压 21. 2MPa，停泵测压降(20min)油压由 17. 3MPa 降至 6. 8MPa，套压由 12. 4MPa 降至 2. 1MPa。详细如图 3-2-37 所示。

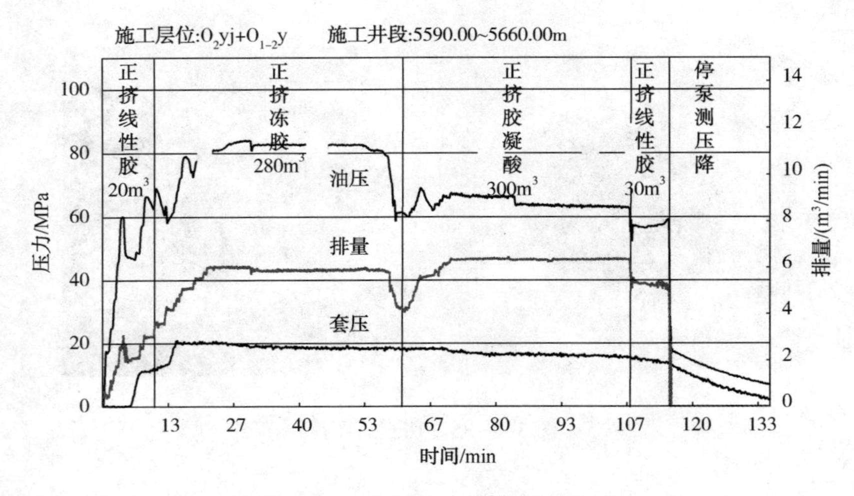

图 3-2-37　TK8××井酸压曲线图

从酸压施工曲线分析，本次酸压 K344 封隔器起到了封隔环空的目的，没有异常现象发生，酸压施工成功。

3. 分析结论

(1)从裸眼井径情况看，井筒能够满足封隔器下入，在相同的井筒条件下，K344 封隔器能够顺利下入并成功实施酸压。

(2)打压至 6MPa 后环空返液，封隔器承受压差低于额定压差，判断 PIP 封隔器胶筒损坏，是工具质量问题。

4. 对策及建议

(1)下入裸眼封隔器时，在封隔器两端加上扶正器，保护封隔器。

(2)裸眼段通井时，充分划眼，为封隔器的顺利下入创造有利的井眼条件。

(3)建议工具方总结查找工具存在的不足，完善工具性能，提高工具质量。

3.2.3　封隔器现场操作问题典型案例分析

【案例 1】TK10××井封隔器坐封失败

案例井 TK10××井于 2008 年 7 月对奥陶系一间房组（O_2yj）5918.00～5926.00m 井段酸压完井，采用“7in 水力锚+定位短节+2⅞in 安全丢手+2⅞in 压井滑套+4. 63inPIP 裸眼封隔器(5891. 31m)”完井管柱，该井 7in 套管从井口直下，其井身结构及入井管串如图 3-2-38、图 3-2-39 所示。

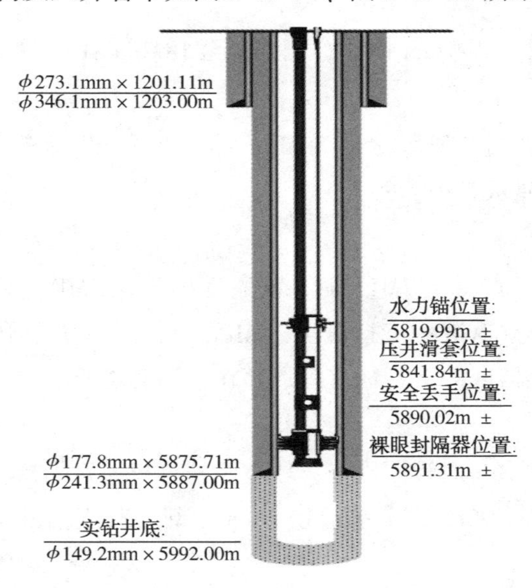

图 3-2-38　TK10××井井身结构图

管柱	名称	内径/mm	外径/mm	总长度/m	下深/m
	油管挂			0.34	10.29
	双公接头			0.19	10.48
	油管	76.00	88.90	5808.62	5819.1
	变丝	60.00	88.90	0.55	5819.65
	水力锚	62.00	114.00	0.34	5819.99
	变丝	76.00	88.9	0.13	5820.12
	定位短节	76.00	88.90	2.0	5822.12
	变丝	62.00	114.00	0.28	5822.4
	油管	76.00	88.90	19.13	5841.53
	滑套	48.00	95.00	0.31	5841.84
	油管	76.00	88.9	47.88	5889.72
	安全丢手	62.00	127.00	0.3	5890.02
	PIP裸眼封隔器	62.00	118.00	1.29	5891.31
	变扣接头	62.00	114.00	0.13	5891.44
	油管	76.00	88.90	9.56	5901
	球座	37.00	94.00	0.14	5901.14
	变扣接头	62.00	95	0.1	5901.24
	喇叭口	89.00	114.00	0.15	5901.39

备注:
掺稀滑套内径：48mm/52mm；球座内径：37mm/52mm。

图 3-2-39　TK10××井入井管串数据图

1. 施工异常简述

2008年7月30日投入ϕ44mm钢球，正打压至18MPa，PIP裸眼封隔器坐封，后泄压至4MPa。

7月30日23:28，正打压到设定值35MPa后无压降，继续打压至46MPa迅速降至22MPa，判断球座被打掉。

1)验封

7月30日23:45，正打压至7MPa时，观察套压升至7MPa(套管关闭)；泄压后正打压至3MPa，环空返液；正打压至10MPa时，观察套压升至10MPa(套管关闭)。现场判断封隔器或井下管柱有漏点存在，油套连通。

2)起酸压完井管柱

7月31日4:00，提出井内管柱检查：球座已被打掉，封隔器胶筒破损严重，上端磨损15cm，中胶磨损90cm，下端磨损30cm，部分胶皮落井，如图3-2-40所示。

图3-2-40　封隔器磨损照片

2. 问题分析

(1)导致封隔器胶筒破裂的原因之一是：封隔器坐封井段井径扩大，打压坐封时超出封隔器胶筒膨胀范围，使封隔器胶筒破裂。该井封隔器坐封井段裸眼井径152.4mm(6in)，井径规则，深浅电阻率高，没有正负幅度差、岩性致密，4.63inPIP裸眼封隔器适用井径(膨胀范围)140~190mm，而且该井经过校深，坐封位置在设计范围，因此可以排除井径扩大的因素。

(2)导致封隔器胶筒破裂的原因之二是：打压坐封时，坐封力超出胶筒抗内压极限，导致胶筒破裂。据查 PIP 裸眼封隔器选型表，4.63inPIP 裸眼封隔器在 6in 井眼内耐内压差 31.5MPa，根据坐封、打球座过程分析，本次施工最高压差 46MPa(油管和环空均为相对密度 1.12 的盐水，无液柱压差；打球座时，流体无流动，无摩阻)，已超出胶筒抗内压极限 31.5MPa，导致胶筒破裂。

3. 分析结论

工具方选用的球座为新引进产品，球座销钉剪切力 5MPa/个，现场安装 9 个销钉，计算剪切力 45MPa。但现场服务人员对剪切销钉的剪断数据不了解，按原球座销钉剪切力 3MPa/个安装销钉，造成坐封后打球座压力过高(46MPa)，超过了抗内压极限(31.5MPa)，导致胶筒破裂，造成了此次施工的失败。

4. 对策及建议

(1)工具方应掌握工具参数，仔细阅读并领会施工设计，提供符合设计要求的入井工具。

(2)该井打球座时，正打压至 32MPa 后仍没有压降，既要继续提高泵压打掉球座，又要保证高泵压下不能对封隔器胶皮产生损坏，建议在提高泵压打球座的同时，环空打备压，降低封隔器胶皮承受的内、外压差。

第4章 K341裸眼封隔器

4.1 封隔器简介

K341裸眼封隔器是一款国产扩张式裸眼封隔器，工具外径有98mm、105mm/108mm、128mm、138mm、150mm、158mm六种，分别适用于110~117mm、115~126mm、152~158mm、158~165mm、165~185mm、173~189mm裸眼井径，工作压力50MPa，工作温度150℃/160℃，通过投球打压坐封、上提管柱解封。在塔河油田主要应用于奥陶系碳酸盐岩裸眼井分段酸化压裂，2008~2017年各种作业已累计使用73井次，综合成功率86.30%。K341裸眼封隔器结构如图4-1-1所示，实物图如图4-1-2所示，性能参数见表4-1-1。

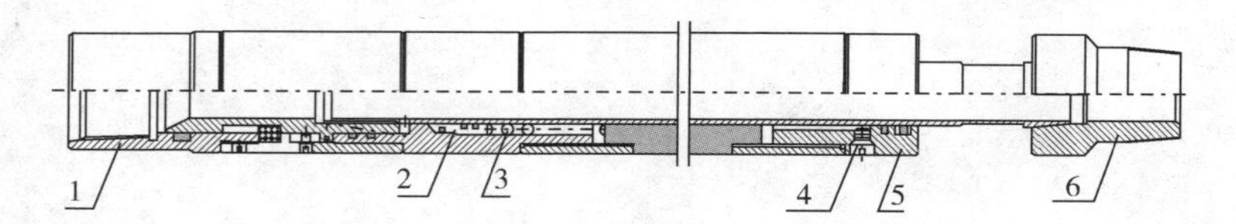

图4-1-1　K341封隔器结构图

1—上接头；2—单流阀；3—弹簧；4—泄压阀；

5—密封接头；6—下接头

图4-1-2　K341封隔器实物图

表 4-1-1　K341 封隔器性能参数表

规　格	最大外径/mm	通径/mm	总长/mm	工作温度/℃	工作压力/MPa	胶筒长度/mm	抗拉强度/t	适应井径/mm
K341	98	46	2550	160	45	1200	50	110～107
K341	105	45	2550	150	45	1200	50	115～126
K341	114	60	2550	150	45	1200	50	125～136
K341	128	60	2740	150/160	50	1200	60	152～158
K341	138	60	2740	150/160	50	1200	60	158～165
K341	150	60/76	2610	150/160	50	1200	60	165～185
K341	158	76	2620	160	50	1200	60	173～189

4.1.1　坐封原理

投球，打压，压力通过主心轴上传压孔传到单流阀，压力达到单流阀打开值，单流阀打开，压力传入主心轴与内胶筒之间，撑开钢带、外胶筒，完成坐封，单流阀保持主心轴与内胶筒之间压力，封隔器保持坐封状态。

4.1.2　解封原理

上提 12～16t，剪断解封销钉，再上提管柱，使主心轴的泄流槽上移到密封部件处，泄掉主心轴与内胶筒之间压力，胶筒回缩，实现解封。

4.1.3　结构特点

进口 PIP 裸眼封隔器与国产 K341 裸眼封隔器进行了对比，有如下特征，详细见表 4-1-2。

表 4-1-2　PIP 裸眼封隔器与 K341 裸眼封隔器泄流槽参数

名　称	槽长/mm	槽宽/mm	槽深/mm	条数/条	单个泄流槽泄流面积	总泄流面积	两条间距/mm	单条间距/mm	解封距离/mm
5inPIP(天津奥格)	193	3.6	1.3	2×4	4.68	37.44	6	44.5	350
5inPIP(北京兰德)	198.4	2.4	1.7	2×4	4.08	32.64	5.2	46	

续表

名　称	槽长/mm	槽宽/mm	槽深/mm	条数/条	单个泄流槽泄流面积	总泄流面积	两条间距/mm	单条间距/mm	解封距离/mm
K341-138(力信)	110	3	1.5~2.4	1×6	4.5~7.2	27~43.2	—	34	129.7
K341-128(力信)	140	4	1.4~2.2	1×6	5.6~8.8	33.6~52.8	—	33	
K341-128(中油能源)	145	4	1.5~2.2	1×6	6~8.8	36~52.8	—	33	
K341-128(PSK：华北)	147.6	1.6	1~1.5	1×4	1.6~2.4	6.4~9.6	—	74	

(1)PIP 裸眼封隔器泄流槽较 K341 裸眼封隔器泄流槽长，PIP 裸眼封隔器泄流槽长度在 190mm 以上，K341 裸眼封隔器泄流槽长度在 110~147mm。

(2)PIP 裸眼封隔器泄流槽是两条为一组，K341 裸眼封隔器泄流槽为单条。PIP 裸眼封隔器泄流槽为 4 组，总共 8 条，K341 裸眼封隔器泄流槽为 6 条。

(3)PIP 裸眼封隔器单个泄流槽泄流截面积较 K341 裸眼封隔器小，总面积相当。

(4)PIP 裸眼封隔器在浮动接头下端和单流阀下端均有泄流槽，解封时浮动接头与单流阀处均可以泄胶筒内压力；K341 裸眼封隔器只有浮动接头下端有泄流槽，解封时只有浮动接头处可以泄胶筒内压力。

(5)PIP 裸眼封隔器解封心轴上移距离为 350mm，K341 裸眼封隔器解封心轴上移距离为 129.7mm。K341 裸眼封隔器解封距离较短(相比 PIP 裸眼封隔器短 220.3mm)。

4.2　封隔器常见问题案例分析

K341 裸眼封隔器自使用以来，累计发生问题 10 井次，统计数据见表 4-2-1。

表 4-2-1　K341 封隔器使用情况统计表

年　份	2008 年	2009 年	2010 年	2011 年	2012 年	2013 年	2014 年	2015 年	2016 年	2017 年	合计
使用数/套	0	0	0	17	20	17	13	3	2	1	73
失败数/套	—	—	—	2	4	2	1	1	0	0	10
成功率/%	—	—	—	88.23	80.00	88.24	92.31	66.67	100	100	86.30

4.2.1　封隔器质量问题典型案例分析

【案例 1】TP3××井封隔器坐封失败

案例井 TP3××井于 2012 年对奥陶系中统一间房组及中下统鹰山组（$O_2yj+O_{1-2}y$）6986.00~7070.00m 井段进行酸压完井，采用“7in 水力锚+K341-128 裸眼封隔器”完井管柱，封隔器坐封位置 6979.76m，井温 157.74℃，井径 6in(152.4mm)，该井 7in 套管未回接，悬挂器位置 4389.66m。井身结构及入井管串如图 4-2-1、图 4-2-2 所示。

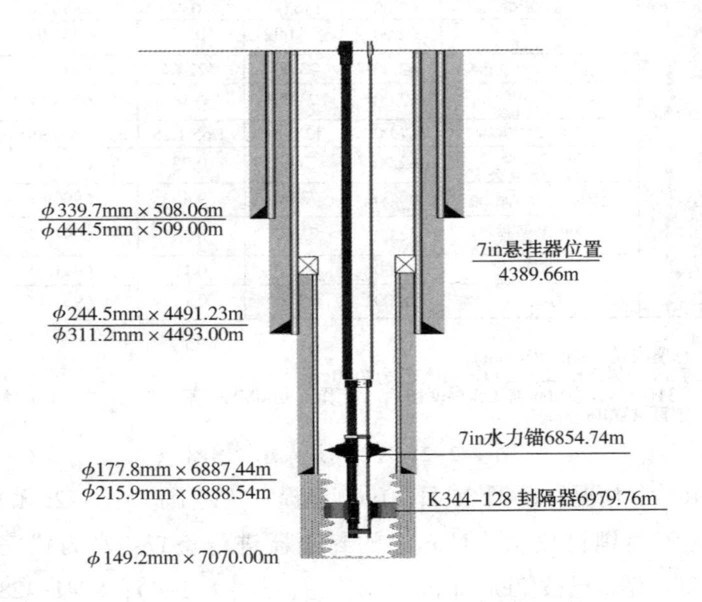

图 4-2-1　TP3××井井身结构图

1. 施工异常简述

2012 年 12 月 21~23 日组下酸压管柱完，工具过 7in 悬挂器(4385.54m)及入裸眼段(6887.44m)前 30m 慢放，无遇阻，顺利通过。

打球座异常：逐级打压 0MPa 到 4MPa 到 8MPa 到 12MPa 到 16MPa 分别稳压 5min，继续打压至 18MPa 稳压 10min，压力不降，泄压至 0MPa。坐封结束后，正打压 0MPa 到 22MPa，压力降至 0MPa，球座被打掉，环空返液。停泵后进行 3 次正注，累计注入油田水 1.5m^3，泵压 0MPa，环空返液，显示油套连通。

管柱	名称	内径/mm	外径/mm	总长度/m	下深/m
	油补距				9.45
	油管挂	76.00	275.00	0.25	9.70
	3½in TP-JC公×3½in TP-JC公	76.00	88.90	0.32	10.02
	3½in TP-JC短油管3根	76.00	88.90	3.5	13.52
	3½in TP-JC油管612根	76.00	88.90	5786.68	5800.20
	3½in TP-JC母×2⅞in TP-JC公	62.00	88.90	0.35	5800.55
	2⅞in TP-JC油管112根	62.00	73.00	1053.41	6853.96
	2⅞in TP-JC母×2⅞in EUE公	62.00	73.00	0.38	6854.34
	7in水力锚	62.00	146.00	0.4	6854.74
	2⅞in EUE母×2⅞in TP-JC公	62.00	73.00	0.35	6855.09
	2⅞in TP-JC油管13根	62.00	73.00	122.64	6977.73
	2⅞in TP-JC母×2⅞in EUE公	62.00	73.00	0.38	6978.11
	K341-128封隔器	62.00	128.00	1.65/1.25	6979.76/6981.01
	2⅞in EUE母×2⅞in TP-JC公	62.00	73.00	0.35	6981.36
	2⅞in TP-JC油管1根	62.00	73.00	9.45	6990.81
	2⅞in TP-JC母×2⅞in EUE公	62.00	73.00	0.38	6991.19
	球座	32.00	95.00	0.15	6991.34
	喇叭口	78.00	95.00	0.13	6991.47

备注:
1.球座内径：32mm/58mm。
2.7in水力锚工作温度150℃，工作压力70MPa。
3.K341-128裸眼封隔器工作温度160℃，工作压力50MPa，启动坐封压力6MPa，解封销钉设置10t。

图 4-2-2 TP3××井入井管串图

工具出井检查情况：12 月 25 日 10:00 上提管柱，上提吨位 72t 无变化(原悬重 72t)，无剪切解封销钉显示。对起出的封隔器进行检查：水力锚完好无损(见图 4-2-3)；球座销钉已被剪断，内套已被击落(见图 4-2-4)；K341-128 裸眼封隔器外观完好，胶筒上部、中部、下部测量外径均为 127mm，没有膨胀痕迹(见图 4-2-5)。

图 4-2-3 水力锚

图 4-2-4 球座

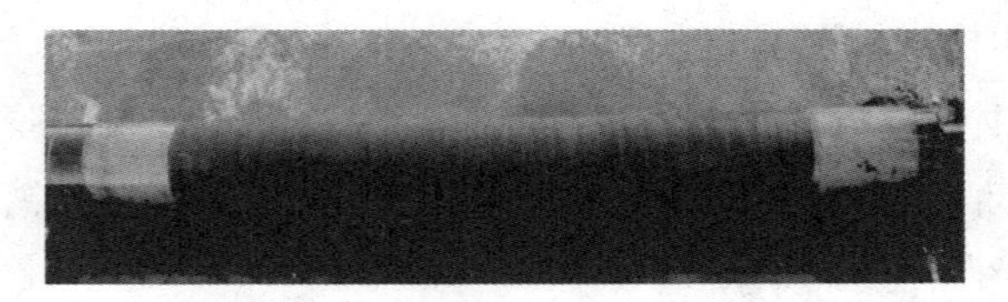

图 4-2-5　封隔器胶筒外观图

2. 问题分析

(1)本井封隔器坐封位置 6979.76m，坐封位置井温 157.74℃，排除坐封位置井温超过耐温能力的可能。

(2)封隔器坐封期间油管最高打压 18MPa，打球座压力 22MPa，排除超过封隔器耐压差能力的可能。

(3)坐封位置裸眼段井径 6in(152.4mm)，井径曲线(见图 4-2-6)光滑，井眼规则，满足工具坐封要求，排除因井筒原因造成封隔器失封的可能。

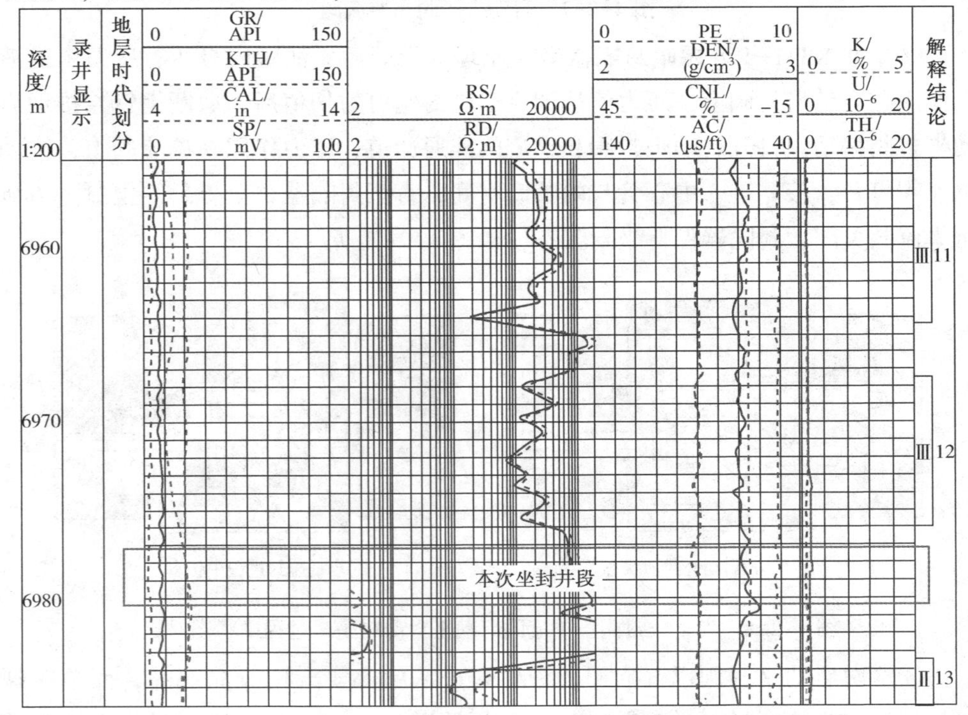

图 4-2-6　TP3××井综合测井曲线

(4)工具拆卸检查情况：

①在基地将工具进行拆卸并逐渐检查：封隔器中心管与内胶筒无液体，说明液体未进入；启动坐封阀，外侧“O”形密封圈损坏，启动坐封销钉剪断；单流阀密封件损坏，如图 4-2-7 所示。

(a)启动坐封阀“O”形密封圈损坏情况

(b)单流阀密封件损坏情况

图 4-2-7　启动坐封阀和单流阀

②本井 K341-128 裸眼封隔器坐封原理：投球后，油管内打压，压力由进液孔作用在启动坐封阀上，压力值达到启动坐封销钉剪切值后，剪断销钉，推动启动坐封阀移动，打开启动坐封阀和单流阀连通通道，压力作用在单流阀上，推动单流阀打开，液体进入中心管与内胶筒空间，直至封隔器完全坐封，坐封完后泄压单流阀关闭，封隔器保持坐封状态，如图 4-2-8 所示。

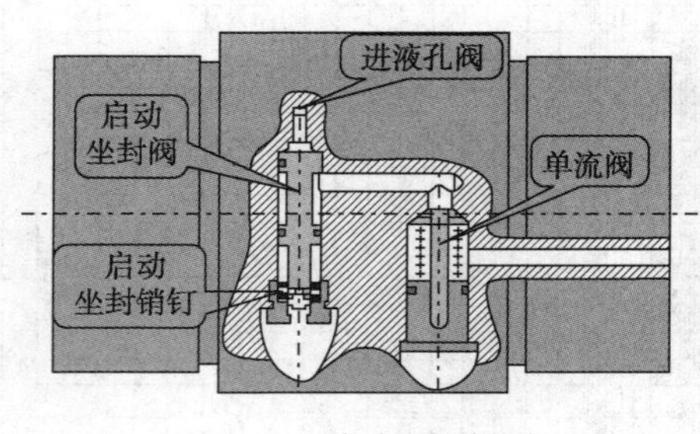

(a)启动坐封前状态

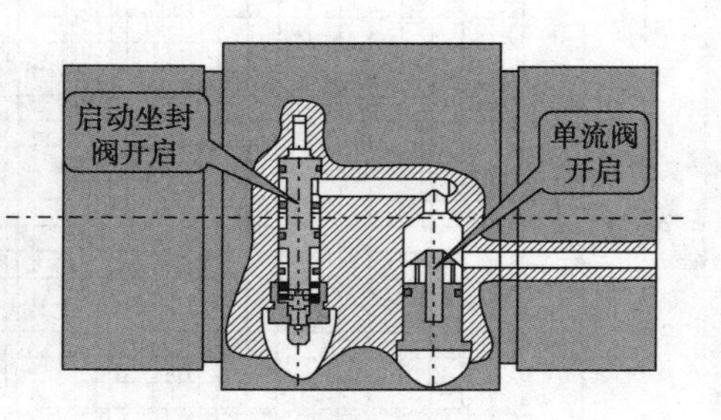

(b)启动坐封过程中状态

图 4-2-8　启动坐封阀、单流阀启动坐封前与坐封过程中状态对比

③本次启动坐封阀已开启，但液体未进入中心管与内胶筒空间，而单流阀密封件出现损坏，结合单流阀结构，分析原因为：在安装单流阀时，由于单流

阀尾部杆歪斜，未进入压帽对应的孔内，单流阀密封件由于过分挤压而损坏，单流阀被顶死，无伸缩空间，始终处于关闭状态，失去进液能力，如图4-2-9所示。

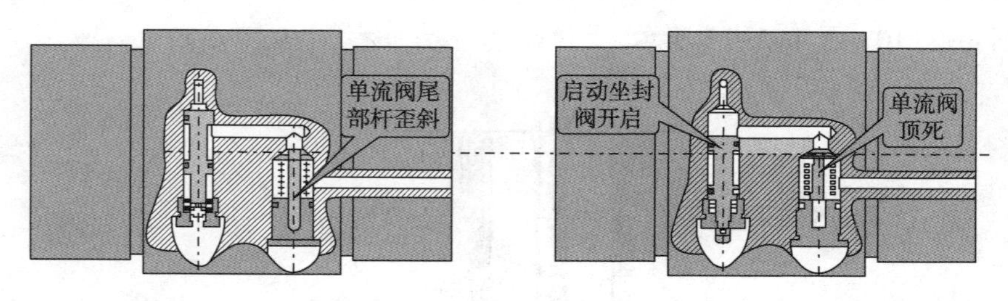

图4-2-9　启动坐封阀、单流阀启动坐封前与坐封过程中状态对比
（单流阀尾部杆歪斜情况）

3. 分析结论

K341-128裸眼封隔器单流阀被顶死，始终处于关闭状态，失去进液能力，导致胶筒未进液，无法膨胀坐封。

4. 对策及建议

（1）停用同一批次、同一型号的封隔器，工具服务方反馈给厂家进行质量追溯，分析是加工问题还是存在设计缺陷。

（2）工具服务方在使用新结构工具时，要加强对该工具结构的深入了解，并与业主方进行交流。

（3）工具保养后需仔细装配，至少2人以上人员核实各个部件正常，并填写好详细的保养检查记录。

（4）加强开工验收，严格把关封隔器质量，杜绝不合格工具入井。

4.2.2　封隔器井筒条件差典型案例分析

【案例1】YB1-××井封隔器两次坐封失败

2011年YB1-××井对奥陶系中统一间房组（O_2yj）5470.00~5580.00m井段酸压完井，采用“7in水力锚+安全丢手+扶正器+K341-128裸眼封隔器+扶正器+K341-128裸眼封隔器”完井管柱，第一次封隔器坐封位置5448.06m/5454.03m，井温 134.17℃，井径 6in（152.4mm）；第二次封隔器坐封位置 5465.09m/5471.80m，井温 134.61℃，井径 6in（152.4mm），该井 7in 套管未回接，7in 套管悬挂器位置 3225.04~3229.08m，其井身结构、第一次入井管串及第二次入井管串如图 4-2-10~图 4-2-12 所示。

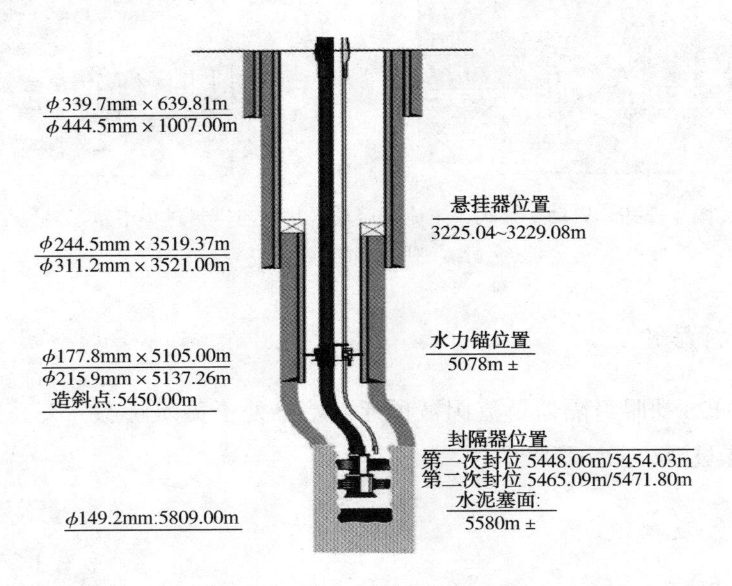

图 4-2-10　YB1-××井井身结构图

管柱	名称	内径/mm	外径/mm	总长度/m	下深/m
	油管挂	76.00	175.00	0.35	
	3½in 双公接头	76.00		0.18	
	3½inTP-JC油管	76.00	88.90	5078	
	7in水力锚	62.00	145.00		
	3½inEUE油管	76.00	88.90	370	
	安全丢手				
	扶正器				
	LXK341-128裸眼封隔器	60.00	128.00	2.73	5448.06
	2⅞inEUE油管短节	62.00	73.00	3	
	扶正器				
	LXK341-128裸眼封隔器	60.00	128.00	2.73	5454.03
	扶正器				
	2⅞inEUE油管	62.00	73.00	10	
	球座				
	2⅞in喇叭口	62.00	76.00	0.18	

图 4-2-11　YB1-××井第一次入井管串数据图

管柱	名称	内径/mm	外径/mm	总长度/m	下深/m
	油管挂	76.00	176.00	0.35	
	$3\frac{1}{2}$in TP-JC油管	76.00	88.90	5065.72	
	7in水力锚	60.00	146.00	0.45	5075.14
	变扣接头	60.00	95.00	0.57	
	$3\frac{1}{2}$in TP-JC油管	76.00	88.90	384.61	
	安全接头	60.00	127.00	0.49	
	刚性扶正器	60.00	136.00	0.3	
	5in PIP裸眼封隔器	60.00	127.00	2.01 1.27	5465.09
	$2\frac{7}{8}$in 油管短节	62.00	73.00	3	
	刚性扶正器	60.00	136.00	0.3	
	5in PIP裸眼封隔器	60.00	127.00	2.01 1.27	5471.80
	刚性扶正器	60.00	136.00	0.3	
	$2\frac{7}{8}$in 油管	62.00	73.00	9.56	
	球座	30.00	95.00	0.07	
	喇叭口	62.00	124.00	0.15	5483.28

图4-2-12 YB1-××井第二次入井管串数据图

1. 施工异常简述

1)第一次坐验封异常简述

2011年8月16~19日模拟通井正常，后组下酸压完井管柱，封隔器中胶位置5448.06m/5454.03m。在封隔器下入过程中，无遇阻、遇卡现象。

坐封：8月20日，投ϕ45mm钢球。对封隔器第一次逐级打压坐封，分别打压3MPa到6MPa到8MPa到11MPa各稳压3min，无压降。继续打压14MPa稳压15min，无压降，泄压至0MPa。第二次逐级打压坐封，分别打压3MPa到6MPa到8MPa到11MPa各稳压3min，无压降。继续打压14MPa稳压15min，无压降，泄压至0MPa，完成封隔器坐封。

打球座：将压力泄至0MPa，逐级正打压3MPa到6MPa到8MPa到11MPa各稳压2min，无压降。继续打压14MPa到16MPa各稳压5min，无压降。继续打压至18MPa时，压力突降到16MPa，显示球座击落(球座设定值：16.5MPa)，环空不返液。

正验封：油管正验封，油管正打压15MPa，稳压10min，压力降至13MPa后不降，环空不返液，后泄压至0MPa。

反验封：环空打压至3.5MPa时，油管返液，封隔器失封。

连接正打压管线正注入液0.2m^3，油压升至6MPa环空返液。反复试验两次，油压升至6MPa，环空返液。注入量和返出量一致，封隔器失封。

工具检查情况。8月23日起出工具检查：水力锚、丢手接头完好；球座未被击落。

1#封隔器：封隔器有坐封显示(坐封中胶位置5454.03m)，下部胶筒膨胀外径144mm，下部钢片变形严重。下部胶筒3cm、2cm的口子各一个，胶筒中部有1.5cm的3个切口深度可见钢片。胶筒上部钢片变形，胶筒膨胀直径133mm；胶筒外观有由于坚硬物扎印导致多处变形(见图4-2-13、图4-2-14)。

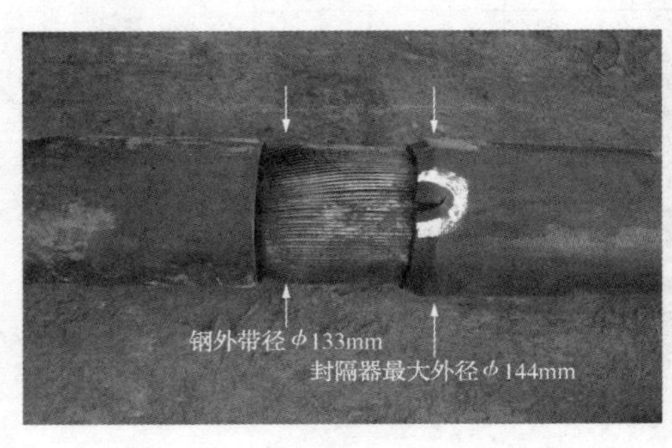

图4-2-13 第一次提出的1#封隔器钢带、胶筒变形情况

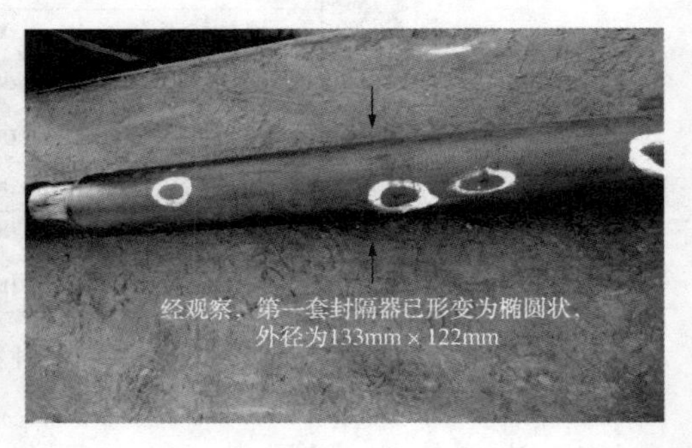

图4-2-14 第一次提出的1#封隔器外观情况

2#封隔器：(坐封中胶位置5448.06m)封隔器有坐封过显示，上、下部胶筒膨胀132mm，下部钢片变形。下部胶筒40 mm处有3个2mm切口深度已可见钢片，有鼓包显示。胶筒上部钢片变形；胶筒外观有多处坚硬物扎印(见图4-2-15、图4-2-16)。

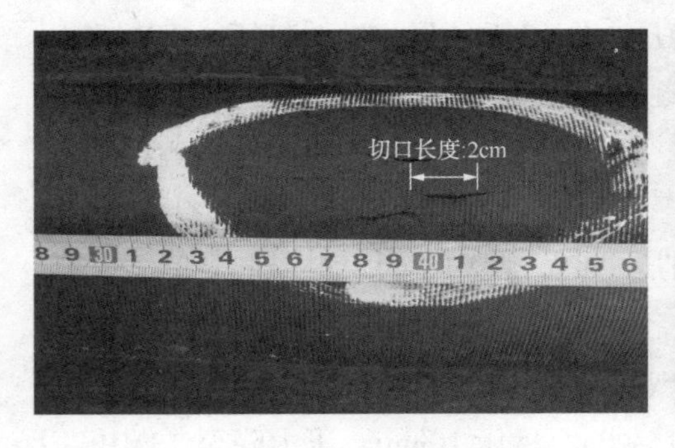

图4-2-15 第一次提出的2#封隔器胶筒情况

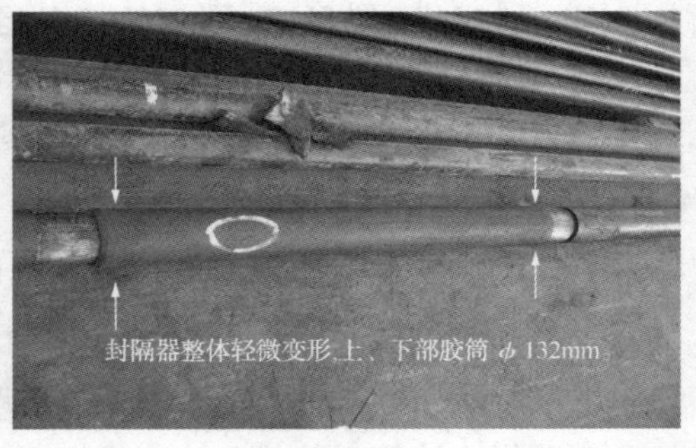

图4-2-16 第一次提出的2#封隔器变形情况

2)第二次坐验封异常简述

8 月 26 日组下完井管柱，下钻过程中无遇阻现象。$1^{\#}$PIP 裸眼封隔器中胶位置 5471. 8m；$2^{\#}$PIP 裸眼封隔器中胶位置 5465. 09m。

坐封：投 ϕ36mm 钢球，打压坐封。起压 2MPa，稳压 3min，压力未降，继续打压 4MPa 到 6MPa 到 8MPa，各稳压 3min 压力均未降，继续打压至 10MPa，稳压 10min，压力未降，打压至 12MPa，稳压 10min，压力未降。泄压至 0MPa，按以上打压坐封过程再打一遍，后泄压至 0MPa。

打球座：逐级打压至 15MPa 时，压力突降至 0MPa，显示球座击落，环空未返液。

封隔器验封：泵入相对密度 1. 08 的盐水 0. 2m^3，泵压 2MPa，1min 后环空返液。验封失败。判断油套连通。

起出工具检查情况：8 月 29 日起出工具，经检查：①两个封隔器胶筒明显膨胀，回收正常。②两个封隔器胶筒外部均有不同程度的划痕和被扎裂的痕迹。其中，$1^{\#}$封隔器的外胶筒上部接头处有一条长 4cm 的斜向裂口，可探到内部不锈钢弹片；外胶筒下部接头处有多处扎痕(见图 4-2-17、图 4-2-18)。$2^{\#}$封隔器有一条长 1cm 的横向裂口(见图 4-2-19、图 4-2-20)。③7in 水力锚锚爪张开后没完全收回，一侧中部锚爪掉落(见图 4-2-21)。

图 4-2-17　第二次提出的 $1^{\#}$封隔器图

图 4-2-18　第二次提出的 $1^{\#}$封隔器图

图 4-2-19　第二次提出的 $2^{\#}$ 封隔器图

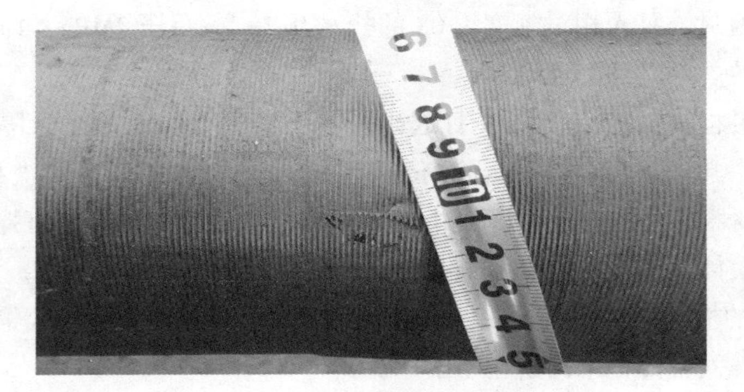

图 4-2-20　第二次提出的 $2^{\#}$ 封隔器图

图 4-2-21　第二次提出的水力锚一侧的中部锚爪已经掉落

2. 问题分析

1) 第一次封隔器坐验封失败分析

(1) 两个 LXK341-128 裸眼封隔器坐封情况正常。

(2)管柱提出后发现球座未落，且 1#封隔器严重变形，说明在打球座的过程中，打压至 18MPa 降至 16MPa 时，球座并未打掉，通过工具取出情况判断，打球座过程中下部封隔器已失封。

(3)油管正验封时，套管未返液，说明 2#封隔器坐封正常，环空验封打压至 3.5MPa 时，油管返液，说明 2#封隔器失封。从取出的工具情况判断，2#封隔器中部有切口，说明 2#封隔器坐封在油管正打压验封时，外胶筒已刺破，反打压时，2#封隔器承压膨胀导致内筒刺破而失封。

2)第二次封隔器坐验封失败分析

(1)两个 5inPIP 裸眼封隔器坐封、打球座情况正常。

(2)正打压验封时，环空返液，验封失败。

3. 分析结论

(1)两次封隔器坐封位置均为奥陶系鹰山组，地层岩性为灰质白云岩，井壁存在尖角，岩性较为坚硬。

(2)通过测井曲线及两次工具提出后检查情况，排除工具和工艺造成事故的可能。该井钻至井深 5450m(斜深)发生倾斜，井斜角 18.21°，后调整轨迹开始降斜至井底 5809m(斜深)井斜角 0.8°(井斜数据见表 4-2-2)。由于井深 5450m 处是第二次调整轨迹的开始位置，井眼情况较差，是导致第一套 K341-128 裸眼封隔器(1#封隔器坐封位置：5454.03m)变形的主要原因。2#封隔器坐封井段岩性同样为灰质白云岩，岩石坚硬，在钻井过程中井壁存在尖锐的尖角，封隔器外胶筒在坐封时被岩石划破，反验封时 2#封隔器胶筒承压膨胀内胶筒刺破导致验封失败。

表 4-2-2　YB1-××井井斜数据表

井深/m	井斜/(°)	方位/(°)	垂深/m	狗腿度/[(°)/30m]
5450	18.21	47.59	5443.14	0
5450.29	18.82	48.32	5443.42	67.505
5459.95	16.66	46.77	5452.62	6.866
5469.53	14.19	49.29	5461.85	8.013

续表

井深/m	井斜/(°)	方位/(°)	垂深/m	狗腿度/[(°)/30m]
5479.1	11.23	52.05	5471.19	9.47
5488.69	11.72	47.12	5480.58	3.428
5498.26	10.84	43.29	5489.97	3.621
5507.95	9.22	39.74	5499.51	3.366
5517.67	8.8	39.67	5509.11	1.297
5527.37	7.42	35.27	5518.71	2.677
5536.94	6.22	33.4	5528.22	3.825
5546.52	5.45	27.33	5537.75	3.087
5556.09	4.49	17.93	5547.28	3.937
5565.71	3.59	15.45	5556.88	2.858
5575.4	3.05	6.05	5566.55	2.369
5584.98	2.23	353.78	5576.12	3.105
5594.55	1.59	334.5	5585.69	2.816
5604.23	1.5	298.52	5595.36	2.969
5614	1.88	286.92	5605.13	1.564
5623.72	1.86	292.78	5614.84	0.593
5633.48	2.05	312.34	5624.6	2.121
5643.22	1.96	314.39	5634.33	0.354
5652.89	3.22	323.87	5643.99	4.116
5662.47	3.64	324.59	5653.55	1.322
5672.04	2.11	333.45	5663.11	4.98
5681.69	2.75	331.79	5672.75	2.001
5685.88	2.02	322.07	5676.94	3.957

续表

井深/m	井斜/(°)	方位/(°)	垂深/m	狗腿度/[(°)/30m]
5695.53	3.07	358.24	5686.58	3.809
5705.13	2.12	346.12	5696.17	3.412
5714.71	2.37	349.8	5705.74	0.903
5724.38	2.16	343.46	5715.41	1.013
5734.03	1.01	352.78	5725.05	3.652
5743.62	1.05	357.23	5734.64	0.28
5753.24	1.67	353.21	5744.26	1.955
5762.91	0.89	348.78	5753.92	2.437
5772.53	0.69	343.77	5763.54	0.659
5782.15	0.4	233.6	5773.16	2.835
5791.77	0.8	233.6	5782.78	1.247
5809	0.8	233.6	5800.01	0

(3)封隔器坐封位置井径不规则也是导致两次封隔器坐封失败的重要原因(两次封隔器坐封位置井径情况如图 4-2-22、图 4-2-23 所示)。

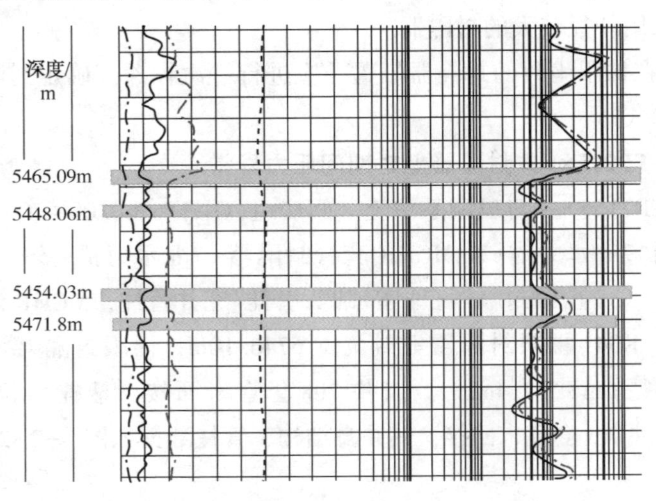

图 4-2-22　第一次封隔器坐封位置井径示意图

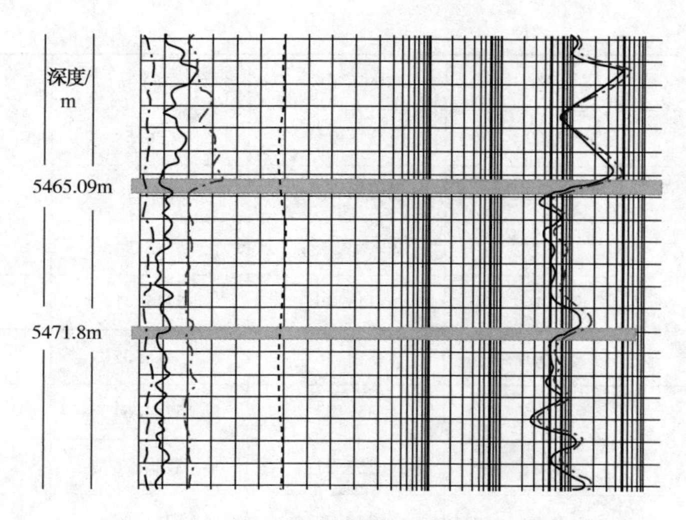

图 4-2-23　第二次封隔器坐封位置井径示意图

综合上述，认为井壁不规则且存在尖角是造成验封失败的主要原因。

4. 对策及建议

(1)对于坐封井段在造斜处附近的，选择坐封位置时应避开造斜处附近，以免封隔器变形和遇卡。

(2)对于裸眼坐封井段，搜集多臂井径曲线资料，结合综合测井曲线、多臂井径曲线资料以及 FMI 成像判断井径及坐封井段岩性，若地层岩性致密且井径较不规则，可采用外径较大的封隔器。

(3)对于在裸眼坐封的封隔器位置，应进行一次校深，确定封隔器坐封的精确位置。

【案例 2】TP215××井封隔器坐封期间压力异常

2014 年 TP215××井对奥陶系中统一间房组(O_2yj)6760.00~7060.00m 井段酸压完井，采用“7in 水力锚+7inMCHR 套管封隔器+7in 水力锚+安全丢手+滚珠扶正器+LXK341-138 裸眼封隔器+球座+圆头引鞋”完井管柱，MCHR 封隔器坐封位置 5635.90m，K341 裸眼封隔器坐封位置 6746.10m，裸眼封隔器坐封位置井温 149.05℃，井径 6in(152.4mm)，该井 7in 套管未回接，悬挂器位置 4838.58~4844.10m，该井 7in 套管未回接，其井身结构、管柱数据如图 4-2-24、图 4-2-25 所示。

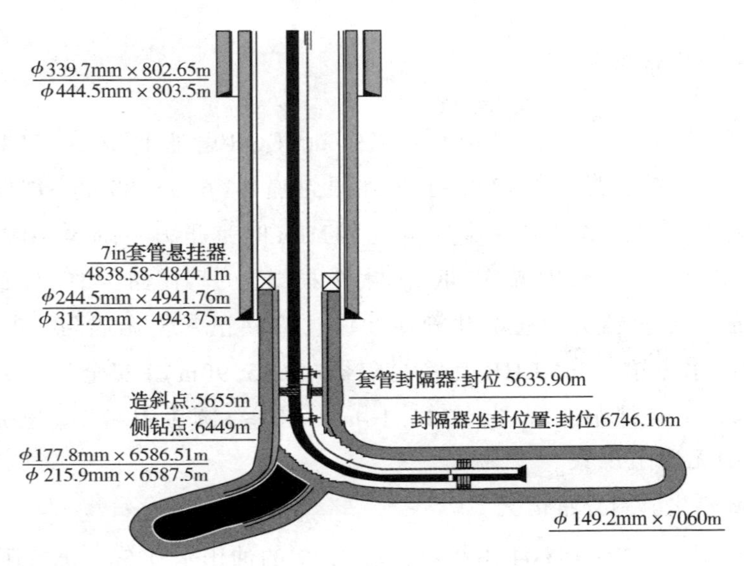

图 4-2-24　TP215××井井身结构图

管柱	名称	内径/mm	外径/mm	总长度/m	下深/m
	油管挂	76.00	175.00	0.4	
	双公接头	76.00	88.60	0.5	
	3½inTP-JC油管	76.00	88.90	5614.22	
	7in水力锚	62.00	146.00	0.38	
	2⅞in EUE油管	62.00	73.00	9.46	
	7in MCHR 套管封隔器	62.00	146.00	0.8 0.54	5635.90
	2⅞inTP-JC油管	62.00	73.00	550.57	
	7in水力锚	62.00	146.00	0.38	
	2⅞inTP-JC油管	62.00	73.00	252.25	
	2⅞in EUE斜坡油管	62.00	73.00	292.54	
	安全丢手	48.00	101.00	0.47	
	2⅞in EUE斜坡油管	62.00	73.00	9.51	
	滚珠扶正器	62.00	142.00	0.41	
	LXK341-138 裸眼封隔器	62.00	138.00	1.45 1.31	6746.10
	滚珠扶正器	62.00	142.00	0.41	
	2⅞in EUE油管	62.00	73.00	18.55	
	球座	35.00	94.00	0.25	
	打孔筛管	62.00	73.00	18.86	
	圆头引鞋		120.00	0.18	6785.66

图 4-2-25　TP215××井酸压管柱数据图

1. 施工异常简述

2014 年 9 月 5 日组下“7in 水力锚+7inMCHR 套管封隔器(5645.91m)+安全丢手+滚珠扶正器+LXK341-138 裸眼封隔器(6755.89m)+球座+圆头引鞋”酸压完井管柱，坐封封隔器打压至 21MPa 时，压力突降至 10MPa，油套连通，起出后检查水力锚锚爪密封件损坏。9 月 14~19 日组下底带 φ149.2mm 三牙轮钻头的通洗井管柱及铣柱管柱正常，无遇阻。9 月 21~22 日组下“7in 水力锚+7inMCHR 套管封隔器(5635.90m)+安全丢手+滚珠扶正器+LXK341-138 裸眼封隔器(6746.10m)+球座+圆头引鞋”酸压完井管柱，下钻过程中无遇阻现象。

1)封隔器坐验封异常情况

9 月 22 日 17:40~18:04 用相对密度 1.17 的油田水 0.5m^3 正打压坐封封隔器，压力由 0MPa 升至 4MPa 升至 7MPa 升至 10MPa 升至 12MPa，各稳压 3min；继续打压 14MPa 到 16MPa，稳压 5min；继续打压至 17MPa 时，压力突降至 6MPa，后降至 2MPa。

18:04~18:10 继续正打压，打压至 6MPa 不再上升，验证球座被打掉，停泵 4min 后泵压降至 2MPa，泄压后泵压 0MPa。

18:14~18:35 环空打压至 15MPa，稳压 15min，压力不降，验封合格，18:35~19:00 泄套压至 4MPa，油管正注相对密度 1.17 的油田水 2m^3，泵压由 0MPa 升至 8MPa 后再不升高，排量 0.35m^3/min，套压 4MPa 无变化，停泵后油压 6MPa，3min 后泵压降至 0MPa，19:00~20:40 关井观察，油压 0MPa，套压 4MPa，20:40~21:00 油管正注相对密度 1.17 的油田水 3m^3，泵压由 0MPa 升至 10MPa 后再不升高，排量 0.36~0.48m^3/min，套压 4MPa 不变，停泵后油压 4MPa，2min 后泵压降至 0MPa。

2)酸压情况

9 月 29 日酸压施工，泵压 28.4~90.3MPa，套压 3.3~12MPa，排量 0.5~6.6m^3/min，注入井筒总液量 960m^3，挤入地层总液量 960m^3(含原井筒液 30m^3)，停泵 20min 测压降，泵压由 29.2MPa 降至 26.4MPa，套压由 4.4MPa 升至 6.1MPa(见图 4-2-26)。

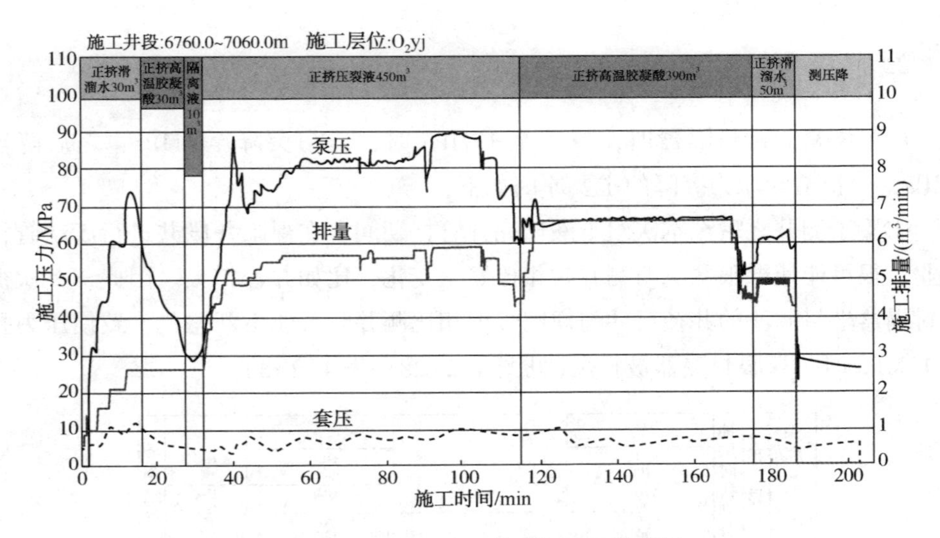

图 4-2-26　TP215××井酸压施工曲线图

3)开井排液情况

9 月 29 日 18:00~30 日 19:00 用 8mm、10mm、8mm、7mm、6mm、5mm、4mm 油嘴排液，油压 8MPa、3.2MPa、5.5MPa、9MPa，套压 4MPa、2.2MPa、0.6MPa、0MPa，累计出液 185.5m³，含水 20.9%，相对密度 1.03、1.14、0.95。期间环空有倒吸现象(见图 4-2-27)。

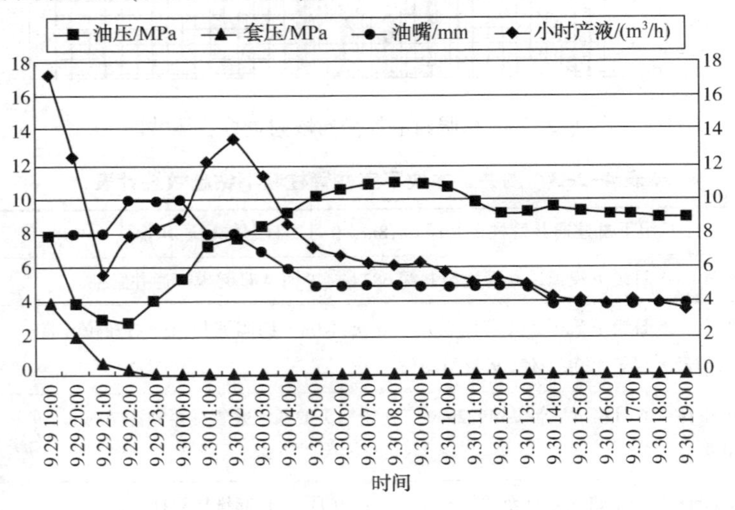

图 4-2-27　TP215××井小时排液图

2. 问题分析

(1)本次坐封封隔器时，打压至 17MPa 时，压力突降至 6MPa，之后降至 2MPa，分析造成压力突降的主要原因如下：

①鉴于测井之后至本次组下酸压完井管柱期间，在裸眼井段共进行 5 趟管柱作业，很可能使裸眼井况与测井时相比发生变化，比如井径扩大。因此，此次裸眼封隔器坐封井段的井径尺寸与规则程度相比测井时可能不断恶化，致使压力打至 17MPa 时，裸眼封隔器被打爆(见图 4-2-28、表 4-2-3)。

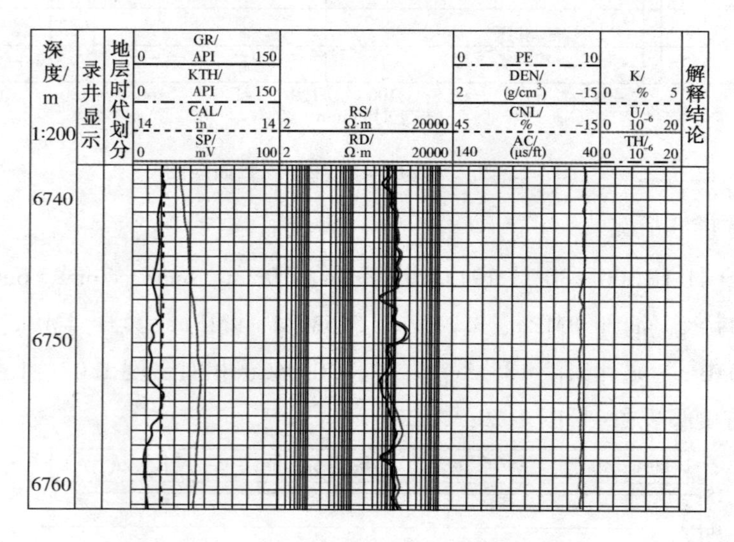

图 4-2-28 裸眼封隔器坐封段附近综合测井图

表 4-2-3 测井至本次下完井管柱起下钻趟数统计表

第一趟	9 月 1 日组下铣柱通井管柱至井深 6818m，9 月 2 日起铣柱通井管柱
第二趟	9 月 2~3 日组下模拟通井管柱至井深 6834m，9 月 4 日起模拟通井管柱
第三趟	9 月 4~6 日组下酸压完井管柱至井深 6795.83m，期间解封封隔器吨位异常，共上下活动 4 次，最大提至 120t，才完成解封动作
第四趟	9 月 14~16 日组下底带 ϕ149.2mm 三牙轮钻头的通洗井管柱至井深 7060m，9 月 18 日起通洗井管柱
第五趟	9 月 18 日组下铣柱管柱至井深 6837.97m，9 月 19 日起铣柱管柱

②本次作业水平井球座销钉压力设定为 24MPa，水平井球座被打掉的可能性很小，详细见表 4-2-4。

表 4-2-4　TP215××与其他井水平井球座使用情况对比

井名	完井方式	销钉数量/颗，剪切值/(MPa/颗)	击落压力/MPa	实际打压值/MPa	液面位置/m
TP215××	酸压完井	6，4	24	17 降至 6	—
TH10245××	酸压完井	5，4~4.5	20~22	22 降至 19	—
TH12179××	油管测试	5，4~4.5	20~22	16 降至 0	油管 985m，环空 606m
YJ1-4××	油管测试	6，4~4.5	24~27	22 降至 9	249
TP339××	酸压完井	6，4	24	24 降至 15	—

(2)通过验封、酸压施工情况及排液情况来看，打压至 17MPa 时套管封隔器已坐封，套管封隔器坐封良好。

(3) 开井排液期间，套压于 9 月 29 日 19：00~30 日 19：00 由 4MPa 降至 0.6MPa，后降至 0MPa，分析原因为：在此期间产液下降快，地层能量不足，油管内压力下降快，加之此期间井口温度没有变化，使得反鼓胀效应大于温度效应，从而造成套管压力降低。

(4)采油厂上修期间解封封隔器，管柱原悬重 75t，每上提 5t，悬吊 5min，上提至 100t，悬重降为 75t，判断 7inPHP-MCHR 套管封隔器解封成功，之后解封 LXK341-138 裸眼封隔器，上提下放管柱多次，解封均不成功。10 月 21 日配合录井队通井测卡点至 6449m，6449m 以上未测出卡点。之后下切割弹至 6400.2m 进行油管切割(离油管节箍以上 4.0m 处，LXK341-138 裸眼封隔器中胶位置 6746.10m，7inPHP-MCHR 套管封隔器中胶位置 5636.44m)。然后起甩原井带封管柱，起出 PHP-MCHR 套管封隔器，检查封隔器胶皮完好，活塞行程正常，解封销钉正常剪断。因卡点位置位于 PHP-MCHR 套管封隔器和 K341-138 裸眼封隔器之间，很可能是裸眼井段垮塌导致下部管柱被埋。

3. 分析结论

(1)本次打压至 17MPa 时压力突降，水平井球座被提前击落的可能性较小。

(2)造成打压至 17MPa 时压力突降的原因可能为多次井筒作业(5 趟管柱)造成裸眼井段井况恶化，致使裸眼封隔器被打爆。

(3)上修测得卡点位于 PHP-MCHR 套管封隔器和 K341-138 裸眼封隔器之间，很可能是裸眼井段垮塌导致下部管柱被埋。再次印证了裸眼井段井壁不稳定，井筒作业时也可能存在垮塌。

4. 对策及建议

使用套裸双封封隔器的井建议在套管封隔器和裸眼封隔器之间加固定式球座，避免裸眼封隔器在套管封隔器坐封过程中损坏。

【案例 3】TH12374××井封隔器坐封异常

案例井 TH12374××井于 2015 年 10 月对奥陶系中下统鹰山组(O_2yj)6250~6305m 井段进行常规完井，完井采用“APC 掺稀滑套+7⅝inPHP-2 套管封隔器(5897.75m)+伸缩管+机械安全丢手+ K341-150 裸眼封隔器(6251.76m)”完井管柱，裸眼封隔器坐封井温 142℃，井径 171.45mm，该井 7⅝in 套管井口直下，其井身结构及入井管串如图 4-2-29、图 4-2-30 所示。

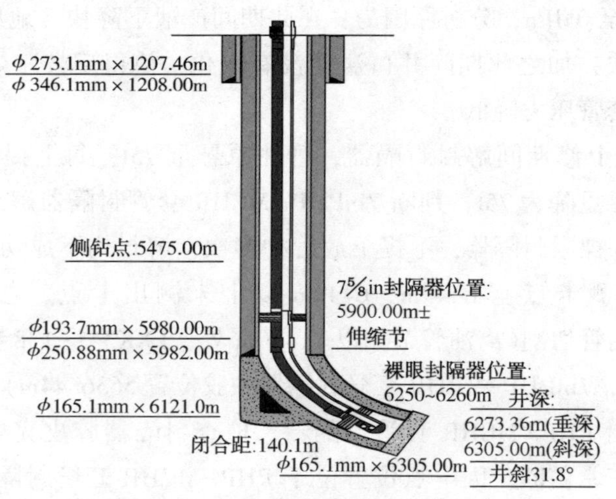

图 4-2-29　TH12374××井井身结构示意图

1. 施工异常简述

1)投球异常情况

(1)通井。

10 月 3 日 12:00~4 日 10:30 组下底带 ϕ165.1mmPDC 钻头的通井管柱至井

深 6305m，无遇阻显示，期间钻具水眼灌相对密度 1.42 的泥浆 6.64m^3，环空反推相对密度 1.42 的泥浆 16.48m^3，泵压 3MPa，排量 18L/s，起钻完。

管柱	名称	内径/mm	外径/mm	上扣扣型	下扣扣型	数量	总长度/m	下深/m
	油补距						8.2	8.2
	油管挂	76.00	175.00				0.30	8.5
	双公短节	76.00	88.90	3½inTP-JC	3½inTP-JC		0.76	9.26
	油管	76.00	88.90	3½inTP-JC	3½inTP-JC		5181.74	5191.00
	变丝	76.00	88.90	3½inTP-JC	3½inEUE		0.53	5191.53
	掺稀滑套	70.00	127.00	3½inEUE	3½inEUE		0.84	5192.37
	变丝	76.00	88.9	3½inEUE	3½inTP-JC		0.50	5192.87
	油管	76.00	88.9	3½inTP-JC	3½inTP-JC		703.84	5896.71
	变丝	76.00	88.90	3½inTP-JC	3½inEUE		0.53	5897.24
	液压式封隔器	73.00	162.00	3½inEUE	3½inEUE		1.44	5899.19
	变丝	76.00	88.90	3½inEUE	2⅞inEUE		0.52	5899.71
	油管	62.00	73.00	2⅞inEUE	2⅞inEUE		37.91	5937.62
	伸缩节	60.00	108.00	2⅞inEUE	2⅞inEUE		2.5	5940.12
	油管	62.00	73.00	2⅞inEUE	2⅞inEUE		300.39	6240.51
	机械安全丢手	61.00	118.00	2⅞inEUE	2⅞inEUE		0.38	6240.89
	油管	62.00	73.00	2⅞inEUE	2⅞inEUE		9.53	6250.42
	K341裸眼封隔器	61.00	150.00	2⅞inEUE	2⅞inEUP		1.19	6252.95
	油管	62.00	73.00	2⅞inEUE	2⅞inEUE		9.53	6262.48
	球座	29.00	93.00	2⅞inEUE	2⅞inEUE		0.16	6262.64
	打孔筛管	62.00	73.00	2⅞inEUE	2⅞inEUE		28.43	6291.07
	圆头引鞋		120.00	2⅞inEUE			0.17	6291.24

图 4-2-30　TH12374××井入井管串数据图

(2)刮管通井一体化管柱。

10 月 4 日 10:30～5 日 16:00 组下刮管通井一体化管柱，至 1600m 时遇阻 3t，环空反推相对密度 1.42 的泥浆 20m^3，泵压 3MPa，排量 20L/s，上提、下放管柱无遇阻显示，对井段 5850～5950m 反复刮管 5 次，无阻卡，环空液面位置 264m、339m。起钻完后，检查刮管器刮刀槽内有稠油，本体无稠油黏附。

(3)组下测试管柱。

10 月 5 日全井筒平推相对密度 1.42 的泥浆 21.02m^3 后组下测试管柱，期间每 10h 反推相对密度 1.42 的泥浆 20m^3，下到位后又反推相对密度 1.42 的泥浆 10m^3，泵压 0MPa，反推控制排量 0.3m^3/min，环空液面位置 307～332m，钻井、组下测试管柱期间共计漏失相对密度 1.13～1.52 的泥浆 1979.86m^3。

(4)坐封、验封封隔器情况。

10月7日23:00~8日18:15环空反挤相对密度1.02的清水115m³，泵压0~23MPa，排量0.1~0.3m³/min，之后正挤相对密度1.02的清水60m³，泵压0~23MPa，排量0.12~0.3m³/min。停泵后油压22MPa，套压22MPa。

10月8日10:25投球：先关1[#]主阀，拆清蜡阀门上管线，从清蜡阀门上投直径45mm的钢球，钢球落在1[#]主阀阀板上后，关2[#]阀门，再打开1[#]主阀。

坐封前，油压22MPa，套压22MPa。10月8日19:44~20:07正挤相对密度1.02的清水1.8m³，泵压22MPa，排量0.08m³/min，套压22MPa；20:19~21:16正挤相对密度1.02的清水9m³，泵压22MPa，排量0.15m³/min，套压22MPa；21:58~22:08正挤相对密度1.02的清水1.3m³，泵压22MPa，排量0.13m³/min，套压22MPa，共计正挤清水12.1m³，均未起压，显示钢球未入座。

(5)现场处置措施。

针对上述情况，初步认为导致钢球未正常入座的原因有二：一是稠油进入油管粘附在油管内壁上，导致钢球粘在油管内无法入座；二是球座上有异物，钢球入座无法实现密封。因此采取如下三种方案：

①方案一：正注一个油管容积以上的清水。10月8日22:50~10月9日02:45正挤相对密度1.02的清水35m³，泵压22MPa，排量0.15m³/min，套压22MPa；10月9日7:05~7:30正挤相对密度1.02的清水2m³，泵压21MPa，排量0.15m³/min，套压22MPa；10月9日11:00~11:20正挤相对密度1.02的清水3m³，泵压22MPa，排量0.15m³/min，套压21MPa，共计正挤清水40m³，均未起压。

②方案二：采用ϕ8mm油嘴油管放3m³清水反冲球座和油管，再次正打压尝试坐封。10月9日14:10~14:25用ϕ8mm油嘴开井排液，返排出相对密度1.02的清水3m³，油压由20.45MPa降至19.89MPa，套压由20.98MPa降至19.50MPa。14:25~15:45正挤相对密度1.02的清水20m³，泵压23.2MPa，排量0.25~0.30m³/min，停泵压力21MPa，未起压。

③方案三：再次投钢球，用清水泵送尝试坐封。10月9日18:10再次投ϕ45mm钢球：先关1[#]主阀，拆清蜡阀门上管线，从清蜡阀门上投直径ϕ45mm钢球，钢球落在1[#]主阀阀板上后，关2[#]阀门，再打开1[#]主阀。

10月9日18:10~18:45正挤相对密度1.02的清水$10m^3$泵送钢球，泵压23.2MPa，排量$0.29m^3/min$；20:00~21:30正挤相对密度1.02的清水$20m^3$，泵压23.5MPa，排量$0.25\sim0.30m^3/min$，未起压。

2)解封封隔器异常情况

压井、解封封隔器。

10月10~11日17:00用相对密度1.42的泥浆正反压井、拆井口采油树，安装钻井双闸板防喷器并试压合格。17:00~17:40起管柱，提出8m(目前，封隔器中胶位置6243.76m，引鞋位置6283.24m)后遇卡2t，悬重由80t升至82t，继续上提管柱至84t、86t、88t、90t，上提管柱9.2m(目前，封隔器中胶位置6242.56m，引鞋位置6282.04m)。上下活动3次，仍未通过该卡点。18:45~19:00，接通知按安全丢手脱开吨位的80%活动管柱：第一次悬重由80t升至97t，第二次悬重由80t升至97t，第三次悬重由80t升至97t，上提管柱10.3m(目前，封隔器中胶位置6241.46m，引鞋位置6280.94m)。活动3次，仍未通过该卡点。

12日14:00接单根开始下放管柱，方入5m，悬重由80t降至78t(摩阻2t)无遇阻显示，缓慢上提管柱，提出3.74m，挂卡2t，继续上提管柱，提出5m位置，挂卡10t，悬重由80t升至90t；反复3次，卡点位置不变(引鞋位置6292.50m)。16:00开井正推密度$1.42g/cm^3$的泥浆$10m^3$，排量$0.69m^3/min$，泵压9 MPa，期间每正推$3m^3$，上提管柱一次，悬重由80t升至90t；卡点位置不变(引鞋位置6292.50m)。环空液面位置246m、157m、232m。16:30接单根，下放管柱8m(引鞋位置6300.50m)，悬重由80t降至78t(摩阻2t)，上提管柱6.74m，挂卡2t，悬重由80t升至82t，继续上提提出8m(引鞋位置6292.50m)，挂卡10t，悬重由80t升至90t，反复3次，卡点不变，17:00反推未完。累计漏失钻井液2063.86m。

17:00~17:30反推密度$1.42g/cm^3$的泥浆$10m^3$，排量$1.3m^3/min$，泵压5MPa，每反推$5m^3$，上提管柱一次，悬重由80t升至90t升至96t，悬停2min，活动2次，卡点位置不变(引鞋位置6292.50m)。17:30~21:20上提管柱解卡，缓慢上提管柱由80t升至96t悬挂2min，未解卡，下放管柱至原悬重，缓慢上提管柱由80t升至98t时悬重突降至78t。

21:20~23:00共起出6根油管(65.72m)，遇卡6次，最大上提92t，最小上提 86t 解卡；13 日 00:30 起出油管 22 根(216.14m)每根均遇卡，遇卡吨位逐渐减少至 4t，起至油管 23 根时(225.51m)，无遇卡显示。

3)检查管柱情况

(1)上提、检查管柱情况。

①APC 阀。

APC 阀两个传压孔有少许泥浆，四个循环孔没打开，其中两个被稠油堵塞，详细如图 4-2-31 所示。

图 4-2-31　APC 阀传压孔及循环孔情况

②PHP-2 封隔器。

检查 PHP-2 封隔器情况：解封销钉 8 颗，均被剪断，拉开处有稠油；胶筒上附有稠油，下金属网损坏拉开；坐封销钉 3 颗没有剪断；卡瓦销钉 3 颗也没有剪断，卡瓦未张开。详细如图 4-2-32~图 4-2-35 所示。

图 4-2-32　PHP-2 整体情况

图 4-2-33　解封销钉被剪断

图 4-2-34　胶筒上附有稠油、下金属网损坏拉开

图 4-2-35　卡瓦未撑开

③伸缩管。

伸缩管处于拉伸状态，安全丢手已脱手，详细如图 4-2-36、图 4-2-37 所示。

图 4-2-36　伸缩管已拉开

图 4-2-37　安全丢手上接头

4）落鱼情况

管柱从安全丢手接头位置脱开（丢手下部接头尺寸，外径 89.5mm，内径 61mm，长 0.30m），鱼头位置：6240.59m，井斜 31.6°，目前井下落鱼总长 50.65m，（安全丢手接头下部 0.30m+2⅞inEUE 油管 1 根 9.53m+LXK341-150 裸眼封隔器 2.53m+2⅞inEUE 油管 1 根 9.53m+球座 0.16m+2⅞inEUE 打孔油管 3 根 28.43m+圆头引鞋 0.17m）。圆头引鞋距井底 13.76m。详细如图 4-2-38、图 4-2-39所示。

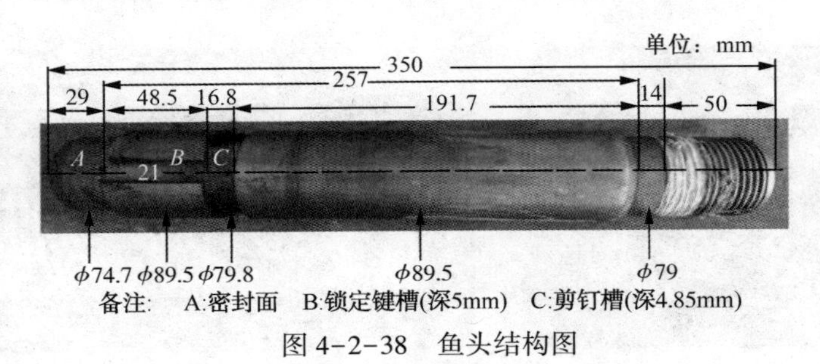

图 4-2-38　鱼头结构图

油补距: 8.20m
φ273.10mm × 1207.46m
φ346.10mm × 1208.00m
φ88.9mmTP-JC油管552根 5191.00m
φ193.70mm × 5980.00m
φ250.88mm × 5982.00m
造斜点:5994m
实际位置可能下移1.26m
机械安全丢手 6240.59m
φ73mmEUE油管1根 6250.42m
LXK341~150裸眼封隔器 6252.95m
φ73mmEUE油管1根 6262.48m
球座 6262.64m
φ73mmEUE打孔油管3根 6291.07m
圆头引鞋 6291.24m
φ165.10mm × 6121.00m
φ165.10mm × 6305.00m
完井层位:$O_{1-2}y$　完井井段:6250.00~6305.00m

图 4-2-39　鱼头结构图

5) 打捞情况

(1) 压井、加装防喷器。

10 月 15 日关井，正推相对密度 1.42 的泥浆 $10m^3$，泵压 5MPa，排量 $0.9m^3/min$，反推相对密度 1.42 的泥浆 $55m^3$，泵压 5MPa，排量 $1.4m^3/min$。关井观察，套压 1.5MPa，立压 1.5MPa。之后关井正推相对密度 1.60 的泥浆 $5m^3$，泵压 5MPa，排量 $0.9m^3/min$，反推相对密度 1.60 的泥浆 $80m^3$，泵压 5MPa，排量 $1.2m^3/min$，关井观察，套压 0MPa，立压 0MPa；期间环空吊灌相对密度 1.42 的泥浆 2~$5.2m^3$，平均漏速 1.16~$2m^3/h$，累计漏失相对密度 1.13~1.60 的泥浆 $2518.58m^3$，环空

液面位置：井口、123m、115m。

10月16日起防喷钻具完，安装4½in半封闸板防喷器+剪切闸板防喷器，并对防喷器试压至合格。

(2)通井、探鱼顶。

10月16~17日下通井探鱼顶管柱至5956m，钻具组合：ϕ165.1mm牙轮钻头+单流阀+3½in钻杆+4in钻杆。关井反推相对密度1.42的泥浆110m^3，相对密度1.60的泥浆70m^3，正推相对密度1.42的泥浆4m^3，相对密度1.60的泥浆11m^3，泵压4~10.5MPa，排量1.15~1.4m^3/min，关井观察，套压0MPa，之后下钻探鱼顶位置6254.35m，加压2t，复探三次位置不变。至18日09:00起钻完，全井累计漏失相对密度1.13~1.60的泥浆2891.78m^3，环空液面位置203m、423m。

(3)打捞。

10月18~19日组下打捞钻具至井深5956m，钻具组合：ϕ146mm卡瓦打捞筒+单流阀+3½in钻杆+4in钻杆。关井反推相对密度1.60的泥浆132m^3，正推相对密度1.60的泥浆8m^3，泵压4MPa，排量0.50~1.30m^3/min。

①继续组下打捞钻具至井深6254.35m，原悬重140t，开泵冲洗鱼头，泵压5MPa，排量0.50m^3/min，之后下压2t，正转转盘2圈，钻压回0MPa；继续下压2t，转盘正转2圈，钻压不回0MPa；继续下压2t，转盘正转2圈，钻压不回0MPa，判断落鱼进入打捞筒。

②开泵，泵压5MPa，排量0.50m^3/min，泵入泥浆2.4m^3，泵压由5MPa升至8MPa，且泵压8MPa不降，再次判断落鱼进入打捞筒。

③下压管柱4t、8t、10t，确保落鱼充分进入打捞筒；上提活动钻具12次(每次下放管柱至原悬重140t后上提钻具，上提悬重分别为150t、160t、165t、170t、175t、180t、185t、190t、190t、190t、190t、193t)，上提悬重至193t降至144t判断解卡，继续上提管柱9.65m，管柱悬重144t不变。

④开泵，泵压0MPa，排量0.50m^3/min，重新下放钻具至6254.35m，开泵，泵压0MPa，排量0.50m^3/min，下压2t，转盘正转2圈，钻压不回0MPa；下压4t，转盘正转2圈，钻压不回0MPa；下压8t，转盘正转2圈，钻压不回0MPa；起钻完检查未打捞上落鱼，累计漏失钻井液3099.74m^3，环空液面492m、311m。

(4)再次打捞。

10月19~20日组下打捞钻具至井深5956m，钻具组合：ϕ146mm卡瓦打捞筒+单流阀+3½in钻杆+4in钻杆。关井反推相对密度1.60的泥浆60m^3，正推相对密度1.60的泥浆4m^3，泵压4~9MPa，排量0.50~1.20m^3/min。

①继续组下打捞钻具至井深6254.35m，原悬重140t，开泵冲洗鱼头同时正转转盘4圈，泵压由4MPa升至6.5MPa且泵压6.5MPa不降，判断落鱼进入打捞筒。

②下压2t，转盘正转3圈，钻压不回0MPa；继续下压4t，转盘正转3圈，钻压不回0MPa；再次判断落鱼进入打捞筒；继续下压15t，确保落鱼充分进入打捞筒。

③上提活动钻具9次(每次下放管柱至悬重145t后上提钻具，上提悬重分别为150t、160t、170t、180t、184t、186t、186t、190t、188t)，上提悬重至188t降至148t判断解卡，继续上提管柱9.65m，管柱悬重由148t升至160t，上提摩阻15~20t，起钻完检查成功捕获落鱼，累计漏失钻井液3386.04m^3，环空液面519m、323m。

6)检查管柱情况

(1)K341-150裸眼封隔器。

K341-150裸眼封隔器已解封，中心管上移130mm，胶筒外观完好，内胶筒内有一条压槽，胶筒上部外径166mm，中部外径163mm，下部外径165mm。下部钢带位置有多处刺坏，封隔器卸开后内胶筒和浮动接头装“O”形圈位置及中心杆泄压槽附近被刺坏。详细如图4-2-40~图4-2-44所示。

图4-2-40　起出封隔器原状

图4-2-41　下钢带刺痕

图4-2-42　清洗后封隔器原状

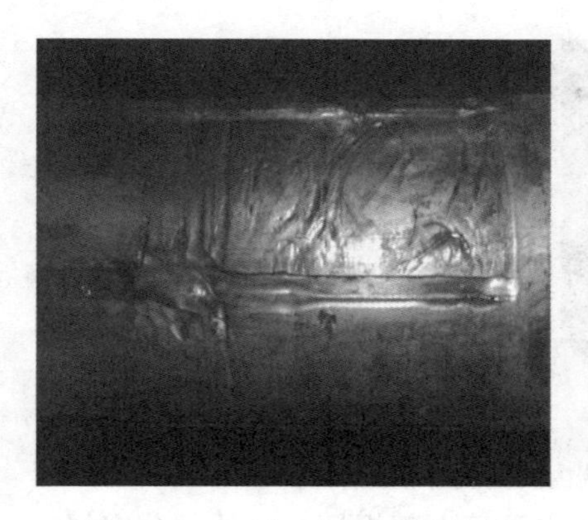

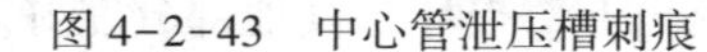

图 4-2-43　中心管泄压槽刺痕　　　　图 4-2-44　浮动接头刺痕

10 月 24 日，在力信基地将裸眼封隔器复位，中心管打压 4MPa 稳压 30min 无压降。拆开检查进液孔（ϕ4mm×4）正常无刺坏痕迹。详细如图 4-2-45～图 4-2-47所示。

图 4-2-45　裸眼封隔器复位，打压验证单流阀完好情况

图 4-2-46　单流阀进液孔完好

图 4-2-47　下端内胶筒刺坏情况

将胶筒总成沿外胶筒下缘切开，检查内胶筒下部损坏，其他部分完好。

(2)坐封球座。

球座起出，两只钢球均在球座上，球座以上管柱内均被重晶石粉堵死。球座以下打孔管管内也被堵死，球座清洗干净后放入钢球密封完好。详细如图 4-2-48～图 4-2-51 所示。

图 4-2-48　第二个钢球

图 4-2-49　第一个钢球

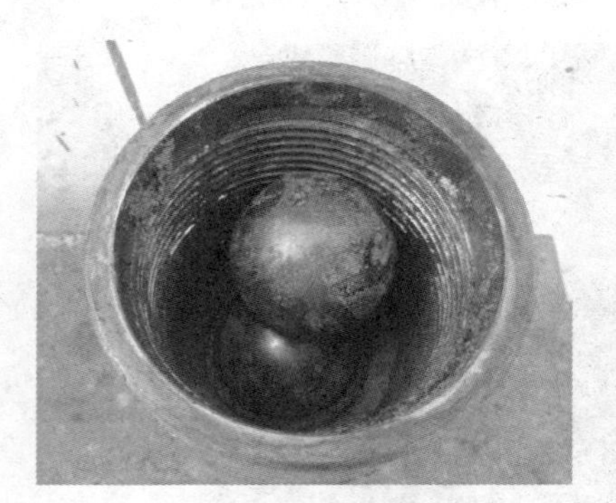

图 4-2-50　清理干净两钢球

图 4-2-51　水密封试验

(3)伸缩管。

10 月 24 日，在力信基地对伸缩节试压，打压 20MPa 稳压 10min 无压降。详细如图 4-2-52 所示。

图 4-2-52　伸缩管试压情况

2. 问题分析

1)裸眼封隔器可能存在异常分析

(1)从打捞出落鱼情况来看，钢球已入座，清洗后验证球座密封性完好，表明在坐封封隔器时，钢球入座且能实现密封。

(2)裸眼封隔器下部钢带及浮动接头内部、中心管泄压槽位置刺坏，是后期打捞管柱期间，由于裸眼封隔器被埋，活动管柱时，造成外胶筒膨胀，封隔器解封销钉剪断(最大过提 53t)，中心管上移，浮动接头到达泄压槽位置，环空大排量挤液时($1.2m^3/min$)，在钢带位置形成涡流，造成钢带呈圆周状损坏，刺坏钢带及内胶筒从浮动接头刺出，在钢带、浮动接头内部及中心管泄压槽位置留下刺痕。另外一方面，进液孔及单流阀均完好，也进一步表明了刺痕是由外往里刺穿形成的(假设是在坐封封隔器时刺穿，进液孔理应也被刺穿)，因此裸眼封隔器在坐封时是完好无损的。详细如图 4-2-53 所示。

图 4-2-53　由外往里刺

(3)在基地对裸眼封隔器进液孔及单流阀试压，稳压4MPa；对伸缩管试压，稳压20MPa；表明坐封时，球座、裸眼封隔器、伸缩管密封良好，通过计算正挤排量在0.3m³/min时，进液孔处的节流压差有5MPa(计算公式见伯努利方程)，所以如果裸眼封隔器进液孔进液，井口泵压应该有显示，但是在实际坐封封隔器时，不起压，泵压始终与套压保持平衡，可能是裸眼封隔器以上管柱存在漏点。

伯努利方程：流体在忽略黏性损失的流动中，流线上任意两点的压力势能、动能与位势能之和保持不变。

$$p_1+\rho v_1{}^2/2+\rho gh_1=p_2+\rho v_2{}^2/2+\rho gh_2 \tag{4-1}$$

$$Q=AV \tag{4-2}$$

裸眼封隔器中心管内通径61mm，其进液孔径4mm×4mm，正、反挤清水及坐封时排量均控制在0.3m³/min以内，流体相对密度1.02，代入式(4-1)和式(4-2)计算获取节流压差5MPa。

2)套管封隔器可能存在异常分析

(1)没有坐封动作，PHP-2套管封隔器异常解封，平衡孔拉开，孔径4mm×12mm。起出套管封隔器后检查解封销钉8颗，均被剪断，拉开处有稠油；胶筒上附有稠油，下金属网损坏拉开；坐封销钉3颗没有剪断；卡瓦销钉3颗也没有剪断，卡瓦未张开。APC阀两个传压孔有少许泥浆，4个循环孔没打开，其中2个被稠油堵塞。详细如图4-2-54、图4-2-55所示。

图4-2-54　PHP-2封隔器平衡孔

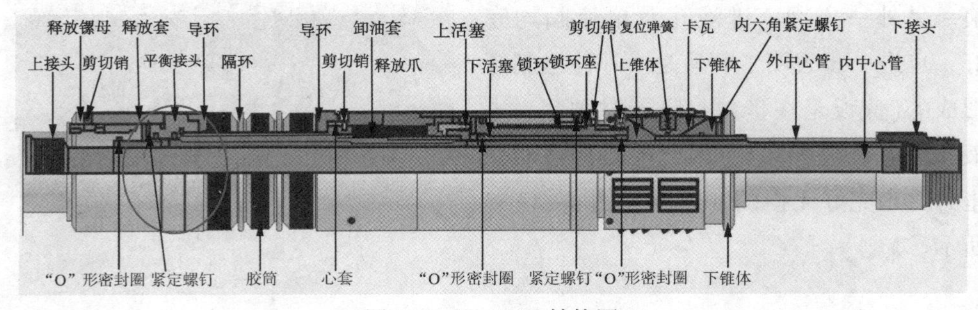

图4-2-55　PHP结构图

（2）该井稠油异常活跃，前期钻井期间，稠油已返至井口，压裂车平推压井作业，压井期间最高施工压力40MPa，最大排量0.49m^3/min，压裂车共泵入泥浆总液量35.8m^3后，施工压力由40MPa降至15MPa。

10月4~5日组下刮管通井一体化管柱，至1600m时遇阻3t，环空反推相对密度1.42的泥浆20m^3，泵压3MPa，排量20L/s，上提、下放管柱无遇阻显示，对井段5950~5850m反复刮管5次，无阻卡，环空液面位置339m、264m。起钻完后，检查刮管器刮刀槽内有稠油，本体无稠油黏附，PDC钻头水眼有少量稠油。

固井附件位置。浮鞋位置：5975.53~5980.00m，1#浮箍位置：5957.59~5957.86m，2#浮箍位置：5935.29~5935.56m，塞座位置：5923.91~5924.18m，分级箍位置：3998.92~3999.94m，定位短节位置：5282.77~5284.79m。

因此，刮管期间遇阻的主要原因是下钻过程中稠油不断聚集，至1600m时形成了相对密闭的空间，导致遇阻3t，而非分级箍影响。

（3）由于坐封球座完好，钢球入座，裸眼封隔器及伸缩管均正常，在打压坐封过程中，泵压始终未起，表明管柱存在漏点且通道大，起管柱检查未发现油管存在异常，因此极有可能是套管封隔器提前解封，平衡孔拉开（4mm×12mm）。

①套管封隔器尚未坐封，为什么会解封？

由于该井稠油异常活跃，组下测试管柱期间，采用环空平推泥浆抑制稠油快速上返，10月5日全井筒平推相对密度1.42的泥浆21.02m^3后组下测试管柱，期间每10h反推相对密度1.42的泥浆20m^3，下到位后又反推相对密度1.42的泥浆10m^3，泵压0MPa，反推控制排量0.3m^3/min，环空液面位置307m、332m，该井垂深6273.36m。

通过上述数据，计算获取地层压力系数：1.317。测试管柱下到位后，套管封隔器封位5897.75m，假设此时套管封隔器管外被稠油堵死，由于“活塞效应”产生的轴向拉力过大，导致封隔器解封销钉剪切。

液面位置332m，补满后产生4.62MPa的液柱压力；由于封隔器之上泥浆相对密度1.42，地层压力系数1.317，上下压差5.95MPa。

$$F=\rho gh\frac{(D^2-d^2)\pi}{4}=(4.62+5.95)\times(162^2-88.9^2)\times3.14/4 \quad (4-3)$$

$$=15.53\text{t}$$

经典案列：2013 年 4 月 1 日 TK915-4 井采用 PHP 套管封隔器+K341-128 裸眼封隔器，打压坐封封隔器时不起压，后又追投了一钢球仍然不起压，起出封隔器时检查 PHP 封隔器已处于解封状态，平衡孔拉开，资料上显示在下完井管柱的过程中在浮箍处遇阻卡，最大吨位 14t。

因此，套管封隔器极有可能在下测试管柱过程中，不断将套管内壁的稠油下推、聚集，形成密闭空间，在环空发挤泥浆时，产生“活塞效应”，封隔器解封。

②套管封隔器平衡孔为什么没有被刺坏？

套管封隔器中心管内通径 73mm，其平衡孔孔径 4mm×12mm，正、反挤清水及坐封时排量均控制在 0. 3m³/min 以内，流体相对密度 1. 02，代入式(4-1)和式(4-2)计算获取节流压差 0. 06MPa；即使后期正、反挤泥浆最大排量 1. 3m³/min，获取节流压差 1. 63MPa，该节流压差不足以刺坏套管封隔器平衡孔，TK915-4 经过压井、起钻后也未发现平衡孔刺坏迹象。

3. 分析结论

本井稠油活跃，套管封隔器在下测试管柱过程中，不断将套管内壁的稠油下推、聚集，形成密闭空间，在环空反挤泥浆时，产生“活塞效应”，封隔器解封。

4. 对策及建议

(1)对稠油异常活跃的井，在组下测试管柱之前，一定要避免稠油返至井筒，保持井筒的通畅性。

(2)组下测试管柱时，控制下钻速度，防止遇阻卡，导致套管封隔器解封，影响裸眼封隔器坐封。

参 考 文 献

[1] 江汉石油管理局采油工艺研究所．封隔器理论基础与应用[M]．北京：石油工业出版社，1983.

[2] 曹银萍，米红学，仝少凯，等．试油封隔器卡瓦咬入套管深度分析[J]．油气井测试，2014，8：9-14.

[3] 曹银萍，仝少凯，窦益华．试油封隔器水力锚剪切强度及咬入套管深度分析[J]．科学技术与工程，2014，8：59-62.